"十四五"职业教育国家规划教材

职业教育校企合作精品教材

计算机组装与维护

（第3版）

薛东亮　郭艳伟　主　编

U0281325

电子工业出版社

Publishing House of Electronics Industry

北京·BEIJING

内 容 简 介

本书从计算机硬件、计算机软件、计算机选配、计算机维护 4 个方面,通过 10 个项目详细地讲解计算机组装与维护的知识和技能。本书在计算机硬件方面,先介绍计算机各部件的识别、计算机部件的连接和接口及认识计算机各个部件品牌,然后对计算机主要部件 CPU、主板、内存、硬盘与板卡、外部设备进行详细的介绍,再介绍如何组装计算机;计算机软件方面,先介绍 BIOS 设置、硬盘分区格式化和操作系统的安装,然后介绍杀毒、防火墙、系统补丁及常用软件安装与使用,以及如何接入互联网;计算机选配方面,主要介绍了解客户的需求和客户接待礼仪,以及如何选配台式计算机、如何选配电竞台式计算机、测试新机并交付客户;计算机维护方面,主要介绍计算机日常维护方法、计算机维修服务流程及常见故障维修。

本书是一本面向中等职业学校计算机相关专业的教材,编写内容对接了行业规范、职业标准,同时兼顾对口升学计算机组装与维护部分的教学大纲,既可满足中等职业学校计算机技术专业学生的学习之用,也可作为对口升学的学习教材。

图书在版编目(CIP)数据

计算机组装与维护 / 薛东亮,郭艳伟主编 . —3 版 . —北京:电子工业出版社,2022.4

ISBN 978-7-121-43105-0

Ⅰ . ①计⋯ Ⅱ . ①薛⋯ ②郭⋯ Ⅲ . ①电子计算机—组装②计算机维护 Ⅳ . ① TP30

中国版本图书馆 CIP 数据核字(2022)第 042701 号

责任编辑:罗美娜　　　　　　特约编辑:田学清

印　　刷:三河市华成印务有限公司
装　　订:三河市华成印务有限公司
出版发行:电子工业出版社
　　　　　北京市海淀区万寿路 173 信箱　　　　邮编:100036
开　　本:880×1230　　1/16　　印张:12.75　　字数:277 千字
版　　次:2013 年 8 月第 1 版
　　　　　2022 年 4 月第 3 版
印　　次:2025 年 2 月第 21 次印刷
定　　价:39.80 元

党的二十大报告提出"加快发展数字经济，促进数字经济和实体经济深度融合，打造具有国际竞争力的数字产业集群。优化基础设施布局、结构、功能和系统集成，构建现代化基础设施体系。"职业教育肩负着为数字中国产业体系培养人才的职责，精通计算机操作是数字产业高质量劳动者的一项必备技能。本教材坚持围绕产业生产实际需要，突出职业特色，以计算机选购与装配为主线，着力培养学生完成实际工作应具备的能力，并实现教材与岗位技术对接，学校教学与企业生产的对接。

本书具有以下特色。

1. 内容与时俱进。本书紧跟计算机技术的最新发展，全面介绍当前市场最新主流计算机软硬件，详细地讲解了计算机各部件的性能，引导学生学习最新的计算机软硬件知识和计算机维护技术。

2. 图文并茂。本书根据中职教育的教学实际，着力强调实用性，文字表达浅显易懂，内容有趣，并配有大量高清实物图，图文结合，方便教师授课，同时便于学生理解。

3. 突出实用。本书以培养学生完成实际工作的能力为重点，紧密联系企业生产实际，增加了计算机品牌的认识与推广、用户需求分析、交付客户、接入互联网、售后服务等内容。

4. 结构合理。本书紧密结合职业教育特点，在内容编排上采用基于岗位工作过程和任务引领的设计方式，符合学生心理特征和认知规律。

5. 适用性强。本书在每个项目完成一个具体任务的基础上，设计有知识链接、拓展与提高、实训操作和习题等内容，便于教师教学与学生自学。

6. 教学资源丰富。本书配备了电子教案、计算机组装视频、教学素材和习题答案等内容的教学资源包，为教师备课提供全方位服务。

本书分为 10 个项目：项目 1 介绍计算机各部件、部件的连接和接口、计算机品牌；项目 2 深入认知 CPU、主板与内存、硬盘与板卡、外部设备；项目 3 介绍如何组装计算机硬件；项目 4 介绍 BIOS 设置、硬盘分区格式化和安装操作系统；项目 5 介绍杀毒、防火墙、系统补丁及常用软件的安装与使用；项目 6 介绍如何接入互联网；项目 7 介绍了解客户的需求和客户接待礼仪；项目 8 介绍如何选配台式计算机、如何选配电竞台式计算机、测试新机并交付客户；项目 9 介绍计算机日常维护方法；项目 10 介绍计算机维修服务流程及常见故障维修。

本书计划教学课时为 68 学时，在教学过程中可参考以下课时分配表。

项　目	课 程 内 容	课 程 分 配		
		讲　授	实　训	合　计
1	计算机部件的识别与品牌的认识	2	4	6
2	深入认知各部件	6	6	12
3	组装计算机硬件	2	6	8
4	安装操作系统	2	10	12
5	安装常用软件	2	4	6
6	接入互联网	2	4	6
7	分析客户需求	2	2	4
8	选配计算机	2	2	4
9	计算机日常维护	2	4	6
10	计算机维修服务与常见故障维修	2	2	4
总计		24	44	68

本书由河南省职业技术教育教学研究室组编，由河南信息工程学校的薛东亮、郭艳伟担任主编，河南信息工程学校的黄磊和河南省商务学校的朱晴担任副主编，参加本书编写的还有洛阳铁路信息工程学校的张智辉、河南信息工程学校的余晓霞、河南理工学校的李继锋。全书由郭艳伟统稿。由于编者水平有限，书中难免存在不妥之处，敬请读者批评指正。

目　录

计算机部件的识别与品牌的认识

计算机已经成为人们生活、工作与学习的必需品，市场上有许多品牌的计算机可供选择，也有许多用户根据自己的想法和兴趣选择计算机部件组装适合自己的个人计算机。这就需要用户认识计算机及计算机的各个部件，并了解各个部件的品牌。

知识目标

了解计算机的发展历程；了解组成计算机各硬件的名称及主要用途；认识计算机各部件的外部特征；熟悉计算机各部件接口的特征和连接方法；了解并熟悉计算机，以及计算机主板、CPU、内存、显卡、硬盘、光驱等部件的品牌。

能力目标

能够熟悉计算机各组成部件的名称、外部特征和品牌；能够连接计算机的各个部件；锻炼学生的观察、分析和学习能力；开展自主学习和小组合作学习，锻炼学生的合作、交流和协商能力。

岗位目标

了解计算机各部件的特征及品牌，从而胜任计算机销售及库管岗位的工作。

任务 1　认识计算机

学习内容

1．计算机概述。

2．计算机类别及结构。

任务描述

了解计算机的发展历程，了解计算机硬件的基本组成，能够简单识别计算机的各硬件，为以后深入学习计算机的各部件和计算机硬件的安装打下良好的基础。

任务准备

每人 1 台或者每组 1 或 2 台完整的台式计算机、笔记本式计算机、平板式计算机。

任务学习

1．计算机概述

我们所接触的计算机多为个人计算机（Personal Computer，PC），俗称电脑，它是以微处理器为核心，配以内存、硬盘、输入 / 输出（I/O）等设备，通过主板连接而构成的。

1）计算机的发展史

计算机的发展通常表现在微处理器的发展上。微处理器先后经历了 4 位、8 位、16 位、32 位和 64 位的发展阶段，目前计算机所用的微处理器为 64 位，并且是多核芯的。

计算机的发展历程可分为以下几个阶段，如表 1-1 所示。

表 1-1　计算机的发展历程

发 展 历 程	典型微处理器	位　　数	主 要 特 点
第 1 阶段（1971—1973）	Intel 4004、Intel 8008	4 位和 8 位	系统结构和指令系统都比较简单，主要采用机器语言或简单的汇编语言
第 2 阶段（1974—1977）	Intel 8080/8085、MC6800、Z80	8 位	指令系统比较完善，具有典型的计算机体系结构和中断、DMA 等控制功能
第 3 阶段（1978—1984）	Intel 8086/8088、MC68000、Z8000	16 位	指令系统更加丰富、完善，采用多级中断、多种寻址方式、段式存储机构，并配置了软件系统
第 4 阶段（1985—1992）	Intel 80386/80486、MC69030/68040	32 位	功能已经达到甚至超过小型计算机，完全可以胜任多任务、多用户的作业

续表

发展历程	典型微处理器	位　数	主要特点
第 5 阶段 （1993—2005）	Intel 的奔腾（Pentium）系列芯片和 AMD 的 K5/K6 系列微处理器芯片	32 位	内部采用了超标量指令流水线结构，并具有相互独立的指令和数据高速缓存，使计算机的发展在网络化、多媒体化和智能化等方面跨上了更高的台阶
第 6 阶段 （2005 年至今）	酷睿（Core）系列微处理器芯片和 AMD Athlon 64 系列等	32 位、64 位	新型微架构，提供卓然出众的性能和能效，采用 32nm 工艺降低功耗，实现了多核芯、超线程、整合 GPU 等技术

当今计算机技术正朝着巨型化、微型化、网络化和智能化方向发展。巨型化是指计算机的运算速率更高、存储容量更大、功能更强，目前正在研制的巨型计算机的运算速率可达每秒百亿次。微型化是指微型计算机已进入仪器、仪表、家用电器等小型仪器设备中，同时作为工业控制过程的心脏，使仪器设备实现智能化。随着微电子技术的进一步发展，笔记本型、掌上型等微型计算机必将以更优的性价比受到人们的欢迎。网络化是指随着计算机应用的深入，特别是家用计算机越来越普及，一方面希望众多用户能共享信息资源，另一方面希望各计算机之间能互相传递信息进行通信。智能化是计算机发展的一个重要方向，新一代计算机将可以模拟人的感觉行为和思维过程的机理，进行"看""听""说""想""做"，具有逻辑推理、学习与证明的能力。

2）计算机系统的组成

计算机准确的称谓应该是计算机系统。一个完整的计算机系统包括硬件系统和软件系统两大部分。硬件系统由运算器、控制器、存储器（含内存、外存和缓存）、各种输入 / 输出设备组成，采用"指令驱动"方式工作。软件系统可分为系统软件和应用软件。系统软件是指管理、监控和维护计算机资源（包括硬件和软件）的软件。它主要包括操作系统、语言处理程序、数据库管理系统及各种工具软件等。其中操作系统是系统软件的核心，它的作用是控制和管理系统资源的使用，是用户与计算机的接口，用户只有通过操作系统才能完成对计算机的各种操作。应用软件是为某种应用目的而编制的计算机程序，如文字处理软件、图形图像处理软件、网络通信软件、财务管理软件、CAD 软件等。计算机系统的组成如图 1-1 所示。

计算机软件与硬件关系：

计算机硬件需要安装驱动程序和操作系统等软件才能使用，有了软件，就把一台实实在在的物理机器变成了一台具有抽象概念的逻辑机器，从而使人们不必更多地了解机器本身就可以使用计算机，计算机

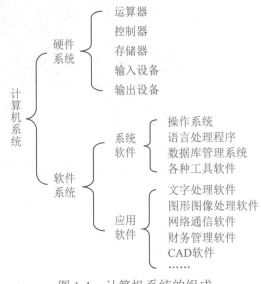

图 1-1　计算机系统的组成

软件在计算机硬件和使用者之间架起了桥梁。当然，计算机硬件是支撑计算机软件工作的基础，没有足够的硬件支持，软件也无法正常地发挥性能。实际上，在计算机技术的发展过程中，计算机软件随硬件技术的迅速发展而发展，反过来，软件的不断发展与完善又促进了硬件的新发展，两者的发展密切地交织在一起，缺一不可。

3）计算机的工作原理

现在计算机硬件系统的结构一直沿用美籍匈牙利著名科学家冯·诺依曼提出的体系结构，由控制器、运算器、存储器、输入设备、输出设备五部分组成。其工作原理是计算机在运行过程中，把要执行的程序和处理的数据通过输入设备，存入计算机的存储器，然后送到运算器，运算完毕后把结果送到存储器存储，最后通过输出设备显示出来。计算机的工作原理如图1-2所示。

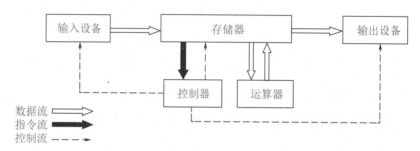

图1-2　计算机的工作原理

2. 计算机类别及结构

计算机的类别有分体台式计算机、一体台式计算机、笔记本式计算机、平板式计算机等。

1）分体台式计算机及其结构

分体台式计算机的硬件包括主机、显示器、音箱、鼠标、键盘等部件，如图1-3所示。

图1-3　分体台式计算机的主机、显示器、音箱、鼠标、键盘

分体台式计算机的主机箱内的主要部件有光驱/刻录机、内存、硬盘、电源、主板、CPU和CPU散热器。分体台式计算机的主机箱结构如图1-4所示。

电源

CPU和CPU散热器

主板

光驱/刻录机

内存

硬盘

图 1-4　分体台式计算机的主机箱结构

除了主要的硬件设备，分体台式计算机还有一些与计算机硬件相关的外部设备，如耳麦、打印机、U 盘、摄像头、扫描仪等设备，如图 1-5 所示。

图 1-5　耳麦、打印机、U 盘、摄像头、扫描仪

2）一体台式计算机及其结构

一体台式计算机的概念最先由联想集团提出，是指将传统分体台式计算机的主机集成到显示器中，从而形成一体台式计算机。

一体台式计算机只需要一根电源线，相比分体台式计算机，减少了鼠标线、键盘线、网线、音箱线、摄像头线、显示器线，如此设计，不仅节约空间，而且时尚美观。一体台式计算机如图 1-6 所示。

一体台式计算机中的各个硬件均集成在显示器背面。一体台式计算机的结构如图 1-7 所示。

图 1-6　一体台式计算机

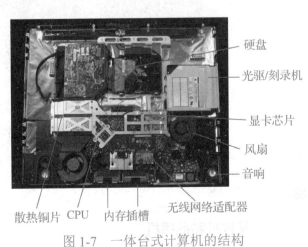

硬盘

光驱/刻录机

显卡芯片

风扇

音响

无线网络适配器

散热铜片　CPU　内存插槽

图 1-7　一体台式计算机的结构

3）笔记本式计算机及其结构

笔记本式计算机又称便携式计算机，其最大的特点就是机身小巧，携带方便。尽管它的机身十分轻巧，但性能并不差，针对日常办公、基本商务、休闲娱乐等应用，笔记本式计算机完全可以胜任。它的外观和内部结构分别如图1-8和图1-9所示。

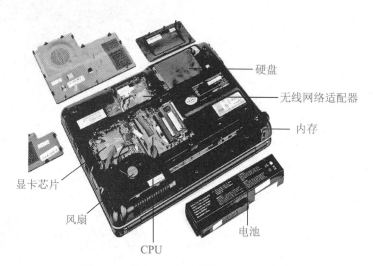

图 1-8　笔记本式计算机的外观

图 1-9　笔记本式计算机的内部结构

4）平板式计算机及其结构

平板式计算机是一种小型、方便携带的计算机，其以触摸屏作为基本的输入设备。它拥有的触摸屏（数位板技术），允许用户通过触控笔或数字笔来进行操作，而不是通过传统的键盘或鼠标。它就是一款无须翻盖、没有键盘、小到可以放入女士手袋，却功能完整的计算机。平板式计算机的外观及其结构如图1-10所示。

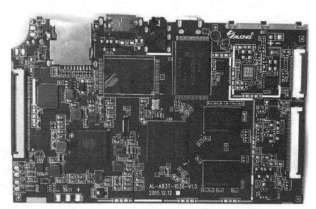

图 1-10　平板式计算机的外观及其结构

🔘 知识链接

1．兼容机和品牌机

兼容机即DIY装配的计算机。品牌机和兼容机的不同之处在于品牌机是整机出厂，厂家保证的是整机质量。品牌机在设计组装过程中，要经过很多测试环节，使各个部件达到较好的兼容性。而兼容机没有经过整机测试的环节，各个部件之间的兼容性、配合性都是凭经验的。

2．DIY 的概念

DIY（Do It Yourself），可译为自己动手做，意指"自助的"。自从计算机部件模块化之后，计算机的 DIY 也逐步被广大消费者所认同。随着计算机内部部件、计算机外设及耗材零售通路的建立与产业化，在全球范围内形成了计算机硬件 DIY 热。

早期的 DIY 用户主要是为了省钱，按需配置计算机，而如今，可以按自己的想法和兴趣对自己的计算机进行任何可能的改造和技术尝试。

实训操作

学生分组，认识主机、显示器、键盘、鼠标、音箱等计算机的各部件，并打开主机箱，认真观察认知主机箱内的各硬件。

任务 2　了解计算机架构和接口

学习内容

1．计算机的外部接口和计算机各外部设备之间的连接。
2．计算机主机内主要硬件的接口和连接。

任务描述

了解计算机的各种接口，了解计算机内、外各部件之间的连接，通过学习能够将计算机的各个部件连接起来。

任务准备

每人 1 台或者每组 1 或 2 台完整的计算机及相关外部设备。

任务学习

1．计算机架构

个人计算机从系统架构上分为两种，分别是国际商用机器公司（IBM）集成制定的 IBM

PC/AT 系统标准和苹果公司所开发的麦金塔系统。

我们常见的一般是 IBM 公司集成制定的 PC/AT 标准，IBM PC/AT 标准由于采用 x86 开放式架构而获得大部分厂商支持，成为市场上的主流，因此一般所说的计算机意指 IBM PC/AT 兼容机种。IBM PC/AT 架构的最大特点是开放结构，其硬件功能可以通过插到主板扩展插槽的扩展板卡来扩充，通过添加额外的驱动器（如光驱、硬盘、USB 驱动器等）来升级。

（1）分体台式计算机的架构如图 1-11 所示。

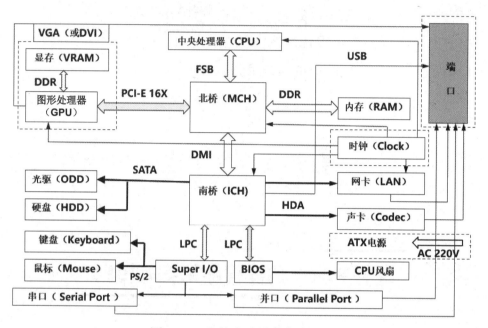

图 1-11　分体台式计算机的架构

（2）笔记本式计算机的架构如图 1-12 所示。

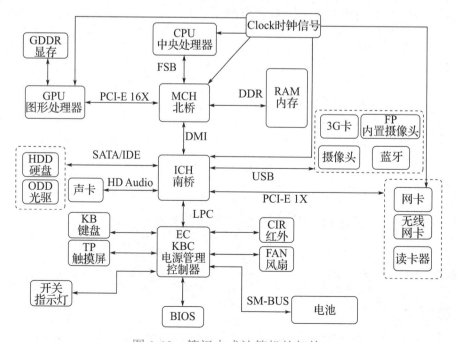

图 1-12　笔记本式计算机的架构

从发展趋势来看，计算机系统架构朝着单芯片化和桌面虚拟化方向发展。单芯片化是由于芯片集成化越来越高，模块越来越少，将北桥、南桥、GPU、CPU 集成为一个芯片。桌面虚拟化是指数据的存储和处理都在云端。

2．计算机外部接口

计算机的外部接口主要是指主板上与其他外部设备连接的一些接口。计算机的外部接口如图 1-13 所示。

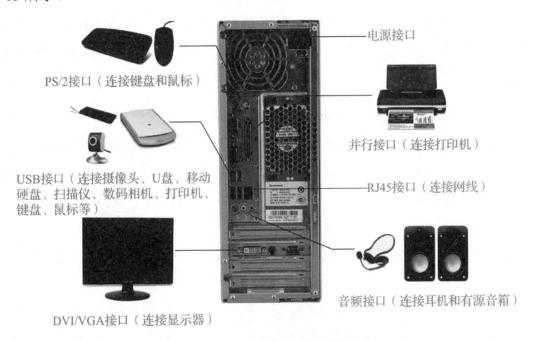

图 1-13 计算机的外部接口

1）PS/2 接口

PS/2 接口是早期的键盘和鼠标的接口，是一种 6 针圆接口，PC99 规定紫色为键盘接口，绿色为鼠标接口。现在的键盘和鼠标的接口用 USB 接口。与接口对应的 PS/2 键盘、鼠标接头如图 1-14 所示。

2）USB 接口

USB（Universal Serial Bus，通用串行总线）是近几年在计算机领域广泛应用的新型接口技术。USB 接口具有传输速率较快、支持热插拔及连接多个设备的特点。USB 1.1 标准接口的传输速率为 12Mbit/s，但是一个 USB 设备最多只可以得到 6Mbit/s 的传输频宽；USB 2.0 兼容 USB 1.1，最高传输速率为 480Mbit/s；当前 USB 3.0 的最高传输速率可达到 5Gbit/s，例如，一个采用 USB 3.0 的闪存驱动器可以在 15s 内将 1GB 的数据转移到一个主机上，而 USB 2.0 则需要 43s。USB 接口应用比较广泛，它已成为计算机和其他电子设备连接的主要接口之一。目前，Type-C 接口因可支持正、反两面插，并且传输数据信号强，逐渐成为主流。图 1-15 所示为 USB 和 Type-C 接头。

3）VGA 接口

VGA（Video Graphic Array）是一个 15 针 D 型接口，用于连接显示器信号线，通常为蓝色。图 1-16 所示为与 VGA 接口对应的 VGA 接头。

图 1-14 与接口对应的 PS/2 键盘、鼠标接头

图 1-15 USB 和 Type-C 接头

图 1-16 与 VGA 接口对应的 VGA 接头

4）HDMI

HDMI（High Definition Multimedia Interface，高清晰度多媒体接口）是一种全数位化影像和声音传送接口，可以传送无压缩的音频信号及视频信号。HDMI 可用于机顶盒、DVD 播放机、计算机、游戏机、数位音响和电视机。HDMI 可以同时传送音频信号和视频信号，由于采用同一条电缆进行传送，大大简化了系统的安装，与 HDMI 对应的接头如图 1-17 所示。

5）DVI

DVI 是用于连接显示器的数字接口，常用的有 DVI-D 和 DVI-I 两种。前者只能接收数字信号，不兼容模拟信号，后者可同时兼容模拟和数字信号。DVI 数字接口比标准 VGA 接口要好，它保证了全部内容采用数字格式传输，并且保证了主机到显示器的传输过程中资料的完整性（无干扰信号引入），可以得到更清晰的影像。与 DVI 对应的接头如图 1-17 所示。

6）音频接口

音频接口一般有 3 个：MIC 输入接口，用于连接麦克风进行录音或音频聊天，通常为粉红色；Line-out 接口，用于连接耳机和有源音箱（扬声器）进行声音的回放，通常为草绿色；Line-in 接口，用于连接外部音源（录音卡座）等进行录音，通常为浅蓝色。图 1-18 所示为音频接头。

7）RJ45 接口（网络接口）

RJ45 接口是计算机网卡接口，通过双绞线进行网络互联，双绞线由 8 芯不同颜色的金属丝组成。水晶头（RJ45 接头）一端连接接口，另一端连接交换机或集线器。图 1-19 所示为 RJ45 接头。

图 1-17 HDMI（左）接头和 DVI（右）接头

图 1-18 音频接头

图 1-19 RJ45 接头

3．计算机内部接口

计算机主机箱内的光驱、内存、硬盘、电源、主板、CPU 和 CPU 散热器等部件之间的连接，也有着不同的接口和连接线。

1）SATA 接口和接头

SATA（Serial ATA）是一种连接存储设备（大多为硬盘、光驱）的串行总线。SATA 以连续串行的方式传送数据，可以在较少的位宽下使用较高的工作频率来提高数据传输速率。SATA 1.0 的传输速率是 1.5Gbit/s，SATA 2.0 的传输速率是 3.0Gbit/s，SATA 3.0 则提高到了6Gbit/s。SATA 一般采用点对点的连接方式，即一头连接主板的 SATA 接口，另一头直接连硬盘，没有其他设备可以共享这条数据线。SATA 数据接口和 SATA 数据接头如图 1-20 所示。

图 1-20　SATA 数据接口和 SATA 数据接头

2）电源接口和接头

电源接口有为主板供电的 20/24 针 ATX 电源接口和接头，为硬盘、光驱设备供电的 4 针供电接头和 SATA 设备供电接头，专为 CPU 及功率较大的显卡供电的接头。主板供电接口和各类设备电源供电接头如图 1-21 所示。有些电源接口为了提供更好的兼容性，接口可更换或组合。

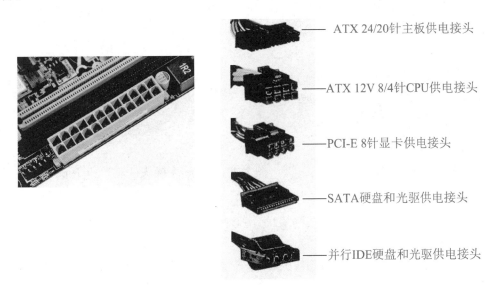

ATX 24/20针主板供电接头

ATX 12V 8/4针CPU供电接头

PCI-E 8针显卡供电接头

SATA硬盘和光驱供电接头

并行IDE硬盘和光驱供电接头

图 1-21　主板供电接口和各类设备电源供电接头

3）DMI

DMI（Direct Media Interface）是直接媒体接口，是 Intel 公司开发的用于连接主板南北桥的总线。DMI 采用点对点的连接方式，时钟频率为 100MHz，由于它基于 PCI-E 总线，同样采用 8bit/10bit 编码，因此具有 PCI-E 总线的优势。因为 PCI-E 2.0 的应用，DMI 升级到 DMI 2.0，单通道传输速率达到 5GT/s。同时，DMI 2.0 也不再用于南北桥芯片的连接，而是用于 CPU 和芯片组（原南桥芯片组）的连接。DMI 升级到 DMI 3.0，单通道传输速率达到 8GT/s，采用 128bit/130bit 编码，有效码率高达 98.46%。

4）SCSI

SCSI 是 SCSI 硬盘采用的接口，它由于性能好、稳定性高，因此在服务器上得到广泛应用。此外，其价格也不菲，所以很少应用在普通计算机上。多数服务器采用了数据吞吐量大、CPU 占有率极低的 SCSI 硬盘。SCSI 硬盘必须通过 SCSI 才能使用，有的服务器主板集成了 SCSI，有的安有专用的 SCSI 接口卡，一块 SCSI 接口卡可以接 7 个 SCSI 设备，这是其他接口所不能比拟的。

知识链接

其他常见接口有以下 4 种。

1. Mini-USB 接口

Mini-USB 接口一般用于数码相机、数码摄像机、测量仪器及移动硬盘等。图 1-22 所示为 Mini-USB 接头。

2. Type-A 接口和 Type-B 接口

Type-A 接头一般用于 PC 端，Type-B 接头一般用于 USB 设备端。Type-A 接头和 Type-B 接头如图 1-23 所示。

图 1-22　Mini-USB 接头　　　　图 1-23　Type-A 接头（左）和 Type-B 接头（右）

3. IEEE 1394 接口

IEEE 1394 接口又称火线（Firewire）接口，是苹果公司开发的串行标准。同 USB 一样，它也支持外设热插拔，可为外设提供电源，省去了外设自带的电源，能连接多个不同设备，支持同步数据传输。IEEE 1394 接头如图 1-24 所示。

IEEE 1394 分为两种传输方式：Backplane 模式和 Cable 模式。Backplane 模式最小的传输速率也比 USB 1.1 的最高传输速率高，它支持 12.5Mbit/s、25Mbit/s 和 50Mbit/s 的传输速率，可以用于多数的高带宽应用。Cable 模式的传输速率非常高，可支持 100Mbit/s、200Mbit/s

和 400Mbit/s 等的传输速率，在 200Mbit/s 下可以传输不经压缩的高质量数据电影。所以 IEEE 1394 接口在数码摄像机上被广泛使用。

4．eSATA 接口

eSATA（external Serial ATA）接口是为面向外接驱动器而制定的扩展规格。例如，拥有 eSATA 数据线，你就可以轻松地将 SATA 硬盘与主板的 eSATA 接口连接，而不用打开机箱更换 SATA 硬盘。eSATA 接头如图 1-25 所示。

图 1-24　IEEE 1394 接头

图 1-25　eSATA 接头

 拓展与提高

1．数字计算机之父

20 世纪初，物理学和电子学的科学家就在争论制造可以进行数值计算的机器应该采用什么样的结构。人们被十进制这个人类习惯的计数方法所困扰，所以那时研制模拟计算机的呼声更为响亮和有力。20 世纪 30 年代中期，科学家冯·诺依曼大胆地提出，抛弃十进制，采用二进制作为数字计算机的数制基础。同时，他还提出预先编制计算程序，然后由计算机按照人们事前制定的计算顺序来执行数值计算工作。

冯·诺依曼理论的要点是存储程序、执行程序和数据共享。他的这个理论称为冯·诺依曼体系结构。从 ENIAC 到当前最先进的计算机，冯·诺依曼体系结构始终占有重要地位。所以，冯·诺依曼是当之无愧的数字计算机之父。

根据冯·诺依曼体系结构构成的计算机，必须具有以下功能：把需要的程序和数据送至计算机中；长期记忆程序、数据、中间结果及最终运算结果的能力；能够完成各种算术、逻辑运算和数据传送等数据加工处理的能力；能够根据需要控制程序走向，并能根据指令控制机器的各部件协调操作；能够按照要求将处理结果输出给用户。

2．计算机的组成部分及功能

计算机的 5 个硬件是指运算器、存储器、控制器、输入设备和输出设备。每一部件分别按要求执行特定的基本功能。

1）运算器

运算器又称算术逻辑单元（Arithmetical and Logical Unit），运算器的主要功能是对数据进行各种运算。这些运算除了常规的加、减、乘、除等基本的算术运算，还包括能进行"逻辑判断"的处理能力，即"与""或""非"这样的基本逻辑运算，以及数据的比较、移位等操作。

2）存储器

存储器（Memory）的主要功能是存储程序和各种数据信息，并能在计算机运行过程中高速、自动地完成程序或数据的存取。存储器是具有"记忆"功能的设备，它用具有两种稳定状态的物理器件来存储信息。这些器件又称为记忆元件。由于记忆元件只有两种稳定状态，因此在计算机中采用只有两个数码"0""1"的二进制数来表示数据。日常使用的十进制数必须转换成等值的二进制数才能存入存储器中。计算机处理的各种字符，如英文字母、运算符号等，也要转换成二进制代码才能存储和操作。

存储器是由成千上万个存储单元构成的，每个存储单元存放一定位数（计算机上为 8 位）的二进制数，每个存储单元都有唯一的编号，称为存储单元的地址。存储单元是基本的存储单位，不同的存储单元是用不同的地址来区分的，就像居民区的住户是用不同的门牌号码来区分一样。

计算机采用按地址访问的方式到存储器中存 / 取数据，即在计算机程序中，每当需要访问数据时，要向存储器送去一个地址，指出数据的位置，同时发出一个"存放"命令（伴以待存放的数据），或者发出一个"取出"命令。这种按地址存储方式的优点是，只要知道数据的地址就能直接存取。但它也有缺点，即一个数据往往要占用多个存储单元，必须连续存取有关的存储单元才是一个完整的数据。

计算机在计算之前，程序和数据通过输入设备送入存储器。计算机开始工作之后，存储器还要为其他部件提供信息，同时保存中间结果和最终结果。因此，存储器的存 / 取数速率是计算机系统一个非常重要的性能指标。

3）控制器

控制器（Control Unit）是整个计算机系统的控制中心，它指挥计算机各部分协调地工作，保证计算机能按照预先规定的目标和步骤有条不紊地进行操作及处理。

控制器从存储器中逐条取出指令，分析每条指令规定的是什么操作及所需数据的存放位置等，然后根据分析的结果向计算机其他部分发出控制信号，统一指挥整个计算机完成指令所规定的操作。因此，计算机工作的过程，实际上是自动执行程序的过程，而程序中的每条指令都是由控制器来分析执行的，它是计算机实现程序控制的主要部件。

通常把控制器与运算器合称为中央处理器（Central Processing Unit，CPU）。工业生产中总是采用最先进的超大规模集成电路技术来制造 CPU 芯片。它是计算机的核心部件，对机器的整体性能有全面的影响。

4）输入设备

用来向计算机输入各种原始数据和程序的设备称为输入设备（Input Device）。输入设备把各种形式的信息,如数字、文字、图像等转换为数字形式的编码,即计算机能够识别的"1""0"表示的二进制代码（电信号）,并把它们输入计算机内存储起来。键盘是必备的输入设备。常用的输入设备还有鼠标、图形输入板、视频摄像机等。

5）输出设备

从计算机输出各类数据的设备称为输出设备（Output Device）。输出设备把计算机加工处理的结果（仍然是数字形式的编码）变换为人或其他设备所能接收和识别的信息形式,如文字、数字、图形、声音和电压等。常用的输出设备有显示器、打印机、绘图仪等。

通常把输入设备和输出设备合称为 I/O 设备。

实训操作

1. 观察计算机并说出其每一个外部接口的名称和特点。

2. 将计算机的外部连接线拆卸后,重新连接。

3. 打开主机箱,认真观察主机箱电源、硬盘、光驱、显卡的接口特征和连接方法。

4. 取下电源、硬盘、光驱、显卡的连接线,重新连接。

5. 根据表 1-2 所示的计算机各部件的连接设备及总线或接口,画出笔记本式计算机的架构图。

表 1-2　计算机各部件的连接设备及总线或接口

模　块	连 接 设 备	总线或接口	模　块	连 接 设 备	总线或接口
CPU	北桥	FSB	内存	北桥	DDR3
北桥	CPU	FSB	显卡	北桥	PCI-E 16X
	内存	DDR3		LCD	LVDS
	显卡	PCI-E 16X		VGA	
	南桥	DMI		HDMI	
南桥	北桥	DMI	硬盘	南桥	SATA
	硬盘	SATA	光区	南桥	SATA
	光驱	SATA	SSD	南桥	mSATA
	SSD	mSATA	声卡	南桥	HDA
	声卡	HDA		喇叭	
	网卡	PCI-E 1X		麦克风	
	无线网卡	PCI-E 1X		音频接口	
	指纹识别	USB	网卡	南桥	PCI-E
	蓝牙	USB		RJ45	

续表

模　块	连 接 设 备	总线或接口	模　块	连 接 设 备	总线或接口
南桥	读卡器	USB	无线网卡	南桥	PCI-E
	摄像头	USB	无线开关	EC	
	触摸屏	USB	电池	EC	SMBus
	EC	LPC	BIOS	EC	SPI
EC	南桥	LPC	风扇	EC	
	电池	SM Bus	键盘	EC	
	BIOS	SPI	触控板	EC	PS/2
	风扇		红外	EC	
	键盘				
	触控板	PS/2			
	红外				
	指示灯				
	无线开关				

任务3　认识计算机品牌

学习内容

计算机及其各硬件的主流品牌。

任务描述

认识主流计算机品牌，认识 CPU 品牌、主板品牌、内存品牌、硬盘品牌、显示器及显卡品牌、键盘及鼠标品牌。

任务准备

每人 1 台或者每组 1 或 2 台能够连接互联网的计算机。

任务学习

1. 主流计算机品牌

在市场中占有重要份额的主流计算机品牌有以下几种。

联想集团是全球最大的 PC 厂商之一。图 1-26 所示为联想集团产品的 Logo。

ThinkPad 原是 IBM 的笔记本式计算机品牌。在 2005 年联想集团收购 IBM 公司的计算机事业部后，ThinkPad 就成为联想的一个品牌，该品牌的笔记本式计算机凭借其坚固和可靠的特性在业界享有很高声誉。图 1-27 所示为联想集团 ThinkPad 品牌的 Logo。

图 1-26　联想集团产品的 Logo

图 1-27　联想集团 ThinkPad 品牌的 Logo

惠普公司是世界最大的信息科技公司之一，成立于 1939 年。惠普公司下设三大业务集团：信息产品集团、打印及成像系统集团和企业计算机专业服务集团。惠普公司在打印机及成像领域和 IT 服务领域都处于领先地位。图 1-28 所示为惠普公司产品的 Logo。

戴尔公司是世界 500 强企业。其以生产、设计、销售家用及办公室计算机而闻名，不过它同时涉足高端计算机市场，生产与销售服务器、数据储存设备、网络设备等。戴尔公司的其他产品还包括 PDA、软件、打印机等计算机周边产品。图 1-29 所示为戴尔公司产品的 Logo。

图 1-28　惠普公司产品的 Logo

图 1-29　戴尔公司产品的 Logo

宏碁集团主要从事自主品牌的笔记本式计算机、平板式计算机、台式计算机、液晶显示器、服务器及数字家庭等产品的研发、设计、营销与服务。图 1-30 所示为宏碁集团产品的 Logo。

华硕电脑股份有限公司的产品线完整覆盖笔记本式计算机、主板、显卡、服务器、光存储、有线 / 无线网络通信产品、LCD、PDA、手机等方面。图 1-31 所示为华硕电脑股份有限公司产品的 Logo。

图 1-30　宏碁集团产品的 Logo

图 1-31　华硕电脑股份有限公司产品的 Logo

2001 年，深圳市神舟电脑股份有限公司成立，是中国成长最快的高科技企业之一，其产品涉及笔记本式计算机、台式计算机、平板式计算机、LCD 液晶显示器和液晶电视及其周边设备等。图 1-32 所示为深圳市神舟电脑股份有限公司产品的 Logo。

苹果公司于 1976 年由史蒂夫·乔布斯和斯蒂夫·沃兹尼亚克等创立。苹果公司在高科技企业中以创新而闻名。它著名的产品是超炫的一体式计算机、笔记本式计算机、iPad 平板式计算机、iPhone 智能手机及 iPod 音乐播放器。图 1-33 所示为苹果公司产品的 Logo。

图 1-32　深圳市神舟电脑股份有限公司产品的 Logo　　　　图 1-33　苹果公司产品的 Logo

2. CPU 品牌

占据市场主流的 CPU 品牌生产厂商有两家：Intel 公司和 AMD 公司。

（1）Intel 公司。Intel 公司是全球最大的半导体芯片制造商，它成立于 1968 年，总部位于美国加利福尼亚州。1971 年，Intel 公司推出了全球第一个微处理器 4004，该微处理器集成 2250 个晶体管，采用 10μm 工艺、4 位处理器。微处理器的发展带来的计算机和互联网革命，改变了整个世界。图 1-34 所示为 Intel 公司产品的 Logo。

（2）AMD 公司。在 CPU 市场上能与 Intel 公司抗衡的只有 AMD 公司。AMD 公司出品的 CPU 市场占有率仅次于 Intel 公司，AMD 公司的市场占有率勉强超过 20%，而 Intel 公司拥有将近 80% 的市场占有率。但是，AMD 公司往往通过低价策略、高性能等优势冲击着 Intel 公司，特别是 AMD 公司推出 Fusion 加速处理器（APU）后，部分产品逐渐成为装机的首选。图 1-35 所示为 AMD 公司产品的 Logo。

图 1-34　Intel 公司产品的 Logo　　　　图 1-35　AMD 公司产品的 Logo

3. 主板品牌

主板又称主机板，是计算机最基本也是最重要的部件之一，在整个计算机系统中扮演着举足轻重的角色。可以说，主板的品牌、类型和品质决定着整个计算机系统的类型和档次。

主流主板品牌有华硕、微星、技嘉、映泰、富士康、双敏、华擎、梅捷、磐正、捷波、七彩虹、昂达、翔升、盈通、铭瑄等，如图 1-36 所示。

图 1-36　主流主板品牌

4．内存品牌

这里所指的内存品牌为内存品牌，而非内存芯片品牌。

市场占有量较大的内存品牌有金士顿、威刚、宇瞻、海盗船、三星、芝奇、金邦、金泰克、南亚易胜等，如图 1-37 所示。

图 1-37　主要内存品牌

5．硬盘品牌

硬盘（Hard Disk Drive，HDD）是计算机主要的存储媒介之一。硬盘即机械硬盘，是高度复杂尖端的装置。目前世界上主要有 5 个生产厂商：希捷、西部数据、日立、三星、东芝。2011 年，西部数据收购了日立的硬盘业务，希捷收购了三星的硬盘业务，自此消费级硬盘市场上只剩下西部数据、希捷、东芝 3 家公司。

希捷成立于 1979 年，总部位于美国加利福尼亚州。1980 年，希捷制造了业内第一台面向台式计算机的 5.25in、容量为 5MB 的硬盘；1992 年，希捷推出了第一台 7200r/min 的硬盘；2002 年，希捷交付业界第一款 SATA 硬盘；2005 年，希捷推出第一款采用垂直记录技术的 2.5in

硬盘。希捷成立 30 多年来，作为行业领袖，其科学技术始终立于存储行业领先地位。希捷硬盘的 Logo 如图 1-38 所示。

西部数据是全球知名的硬盘厂商，成立于 1970 年，总部位于美国加利福尼亚州。2010 年，西部数据超越希捷占领了硬盘市场近 50% 的份额，成为全球第一大硬盘制造商。西部数据硬盘的 Logo 如图 1-39 所示。2011 年 3 月，西部数据成功收购日立的硬盘业务。该合并是存储业界第一和第三的结合，这一合并也加固了西部数据在存储设备中第一的地位。

随着日立被收购，原日立正式更名为 HGST，归属为西部数据旗下独立营运部门，其硬盘的 Logo 仍为日立的商标。HGST 硬盘的 Logo 如图 1-40 所示。

图 1-38　希捷硬盘的 Logo　　图 1-39　西部数据硬盘的 Logo　　图 1-40　HGST 硬盘的 Logo

三星硬盘是韩国三星电子有限公司旗下的产品，2011 年被希捷收购。东芝硬盘是日本品牌。三星和东芝除提供台式计算机、笔记本式计算机硬盘外，还主要生产移动存储产品。三星硬盘和东芝硬盘的 Logo 分别如图 1-41 和图 1-42 所示。

图 1-41　三星硬盘的 Logo　　　　　　　图 1-42　东芝硬盘的 Logo

6. 显示器品牌

中国市场的显示器品牌主要有三星、冠捷、明基、LG、华硕、戴尔、飞利浦、惠科、宏碁。

目前，国内和国际显示器市场上影响力最大的品牌当属三星，其产品关注比例始终排在品牌榜的首位，三星电子 LCD 和 LED 显示器市场份额居全球首位。

越看越精彩
图 1-43　冠捷显示器的 Logo

冠捷是中国较早从事计算机显示器产销业务的制造商，其在中国市场的占有份额遥遥领先，2004 年成功收购飞利浦的显示器部门，是联想、IBM、戴尔、惠普的显示器的长期战略合作伙伴，是全球最大的显示器销售厂商之一。冠捷显示器的 Logo 如图 1-43 所示。部分其他品牌显示器的 Logo 如图 1-44 所示。

中国台湾品牌　　　　　荷兰品牌　　　　　韩国品牌　　　　　中国香港品牌

图 1-44　部分其他品牌显示器的 Logo

7. 显卡品牌

生产主板的厂商一般均生产显卡。目前，市场中较为知名的显卡品牌是七彩虹、影驰、蓝宝石、微星、华硕、索泰、映众、铭瑄、迪兰、XFX 讯景、耕昇、镭风等。部分知名显卡品牌的 Logo 如图 1-45 所示。

图 1-45　部分知名显卡的品牌 Logo

8. 键盘、鼠标品牌

在键盘、鼠标市场上，罗技是非常受用户关注的品牌，而国产品牌雷柏和精灵次之。除此之外，其他较著名的品牌还有微软、双飞燕、雷蛇、富勒、多彩、宜博等。部分键盘、鼠标品牌的 Logo 如图 1-46 所示。

图 1-46　部分键盘、鼠标品牌的 Logo

实训操作

1．分组上网查阅并总结某一个著名计算机品牌的发展历程。

2．上网查阅并总结机箱、电源、音箱、耳机产品的主流品牌。

习　题

1. 填空题

（1）计算机硬件系统由 _____、_____、_____ 和输入 / 输出设备等部分组成。

（2）冯·诺依曼结构计算机的显著特点是 _____、_____ 和数据共享。

（3）_____ 的中文名称为通用串行总线。

（4）数字计算机之父是 _____。

（5）连接鼠标除用 USB 接口外，还可以用 _____ 接口。

2．单项选择题

（1）下列设备不属于外设的是（　　）。

    A．数码相机　　　　　　　　　B．摄像头

    C．打印机　　　　　　　　　　D．硬盘

（2）下列接口不属于连接显示器的接口的是（　　）。

    A．VGA　　　　　　　　　　　B．HDMI

    C．DVI　　　　　　　　　　　D．PS/2

（3）SATA 3.0 的速率最高能达到（　　）。

    A．1Gbit/s　　　　　　　　　B．1.5Gbit/s

    C．3Gbit/s　　　　　　　　　D．6Gbit/s

（4）接入耳机和有源音箱的音频接口一般是（　　）的。

    A．粉红色　　　　　　　　　　B．草绿色

    C．浅蓝色　　　　　　　　　　D．深蓝色

（5）RJ45 接口所连接的双绞线由（　　）芯不同颜色的金属丝组成。

    A．2　　　　　　　　　　　　B．4

    C．6　　　　　　　　　　　　D．8

3．翻译下列计算机缩略词

    PC　　　　　　　　DIY

4．问答题

（1）打开主机箱，简述主机箱内部的结构和部件组成。

（2）简述计算机内外常见的接口和颜色。

（3）列出计算机各硬件的主流品牌。

（4）请查阅我国银河系列巨型机的研制之路。

深入认知各部件

学习计算机硬件组装和维修，就要对其各个组成部件有深入的了解。在项目1中，初步认识了计算机硬件的各个部件，现在来深入学习计算机硬件的各个部件，为下一步组装、配置和维修做好准备。

知识目标

熟知CPU、主板、内存、硬盘、显卡、显示器、电源等计算机主要部件的特征和功能；学习各部件在某个历史阶段及现阶段主流产品的主要性能指标。

能力目标

锻炼学生观察、辨别的能力，使其能辨析计算机各组成部件的优劣；锻炼学生交流沟通、团队协作的能力，使其学会小组合作，共同学习。

岗位目标

通过深入学习计算机各个部件，能够熟知各个部件的品牌及性能指标，为从事计算机市场销售、制作配置单、库房管理、装配、售后维修等工作打下坚实的基础。

任务 1　深入认知 CPU

🎓 学习内容

1．CPU 的认知。
2．CPU 的性能指标。

🔍 任务描述

深入认知 CPU，学习 CPU 的功能和历史，认识 CPU 系列中曾经流行和当今正流行的主流产品，通过比较感知 CPU 的发展速度，并掌握 CPU 的内置 GPU、核芯 / 线程数量、总线频率、制作工艺和 L2/L3 缓存等性能指标。

🧩 任务准备

每组至少准备 1 个 CPU，Intel 公司、AMD 公司的皆可。

✍️ 任务学习

CPU 是计算机的运算核心和控制核心，同时是计算机最复杂的部件。它的升级换代带动着其他部件的升级，它的进步代表了整个计算机的进步，甚至推动了整个信息产业的飞速发展。

目前，占据市场销售主流的计算机 CPU 生产厂商只有两家：Intel 和 AMD，都是美国公司。

1．Intel CPU

1971 年，世界上第一块微处理器 4004 在 Intel 公司诞生了。比起现在的 CPU，4004 显得很可怜，它只有 2250 个晶体管，功能相当有限，而且速度很慢，但是它的出现是具有划时代意义的。

Intel 公司的创始人之一戈登·摩尔早在 1965 年 4 月 19 日就提出了他的预言，也就是后来的摩尔定律。摩尔定律：当价格不变时，集成电路上可容纳的元器件的数目每隔 18 ～ 24 个月便会增加一倍，性能也将提升一倍。

Intel CPU 从诞生到发展至今，完全符合神奇的摩尔定律，其产品型号已经从 Intel 4004、80286、80386、80486、奔腾一直发展到酷睿，数位也从 4 位、8 位、16 位、32 位发展到 64

位,主频 MHz 发展到 GHz,芯片里集成的晶体管个数从最初的 2250 个到现在超过了 10 亿个,半导体制造技术的规模由 SSI、MSI、LSI、VLSI 达到 ULSI;封装的输入、输出针脚从几十根逐渐增加到几百根,现已超过 2000 根。

时至今日,Intel 公司生产的 CPU 种类很多,其应用不只限于计算机,同时在服务器、笔记本式计算机、工业计算机等方面也有广泛的应用。

下面介绍 Intel 公司颇有代表性、不同年代、不同系列的几款 Intel CPU,供大家比较学习,从而深入认知 CPU。

1)Intel 奔腾 G 系列

较之前的 CPU 而言,奔腾 G 系列集成了核芯显卡,其功耗控制优秀,性能卓越,成为入门级家庭、校园、办公用户的首选 CPU。奔腾 G 系列 CPU 的 Logo 如图 2-1 所示。CPU 的微架构和制作工艺直接决定了 CPU 的效能。奔腾 G860、G2020 曾是不同工艺时期的市场热销产品,采用了两种不同的微架构,其中 G860 采用第 2 代智能酷睿 i 处理器 Sandy Bridge 微架构,G2020 采用第 3 代智能酷睿 i 处理器 Ivy Bridge 微架构。目前,奔腾金牌系列 CPU 主流产品是 G6605,既适用于台式 PC,也适用于平板 Tablet。

图 2-1　奔腾 G 系列 CPU 的 Logo

几款奔腾 G 系列 CPU 的比较如表 2-1 所示。

表 2-1　几款奔腾 G 系列 CPU 的比较

CPU	奔腾 G860	奔腾 G2020	奔腾 G6605
微架构 / 核芯代号	Sandy Bridge	Ivy Bridge	Comet Lake
核芯 / 线程	2/2	2/2	2/4
制作工艺	32nm	22nm	14nm
CPU 频率	3.0GHz	2.9GHz	4.3GHz
GPU	HD Graphics	HD Graphics	UHD Graphics 630
L3 缓存	3MB	3MB	4MB
热设计功耗	65W	55W	58W
接口	LGA 1155	LGA 1155	LGA1200
支持内存	DDR3-1333	DDR3-1333	DDR4-2666

2)智能酷睿 i 处理器

2010 年 1 月,Intel 公司推出了全新酷睿处理器家族,其采用 32nm 制作工艺,不仅内建图形核芯,还具有最新的睿频功能,可以让 CPU 在实际应用中实现自动超频。第 1 代智能酷睿 i 系列 CPU 的 Logo 如图 2-2 所示。

此后两年,Intel 公司相继发布了基于 Sandy Bridge 微架构的第 2 代智能酷睿 i 处理器和基于 Ivy Bridge 微架构的第 3 代智能酷睿 i 处理器。

图 2-2　第 1 代智能酷睿 i 系列 CPU 的 Logo

第 2 代智能酷睿 i 处理器采用 Sandy Bridge 微架构和 32nm 制作工艺，已经实现了处理器、图形核芯、视频引擎的单芯片封装，其中图形核芯拥有最多 12 个执行单元，支持 DX 10.1、OpenGL 2.1，且在 CPU、GPU、L3（三级）缓存和其他 I/O 之间引入全新 Ring（环形）总线，采用睿频加速技术 2.0，更加智能，其性能可达第 1 代智能酷睿 i5/i3 集显的 1.5 ～ 2 倍。

2012 年 4 月，Intel 公司发布第 3 代智能酷睿 i 处理器。它是比较有代表性的一代处理器，结合了 22nm 制作工艺与三维晶体管技术，将执行单元的数量翻一番，最多可达到 24 个，带来性能上的跃进。在大幅度提高晶体管密度的同时，其核芯显卡等部分性能比第 2 代智能酷睿 i 处理器甚至有了 1 倍以上的提升，在应用程序上性能提高了 20%，在三维性能方面则提高了 1 倍，并且支持三屏独立显示、USB 3.0 等技术。第 3 代智能酷睿 i 处理器的外观如图 2-3 所示。

第 3 代智能酷睿 i 处理器的 Logo 如图 2-4 所示。

图 2-3　第 3 代智能酷睿 i 处理器的外观　　　　图 2-4　第 3 代智能酷睿 i 处理器的 Logo

第 3 代智能酷睿 i 处理器与前两代处理器一样分为 i7、i5、i3 三个系列，i7 面向高端用户，主要为 4 核 8 线程产品，在性能方面表现得最为优异；i5 面向中端性能级用户，在产品规格性能方面均低于 i7；i3 面向主流用户，主要为 2 核 4 线程产品，不支持睿频加速技术。

下面列出几款第 3 代智能酷睿 i 处理器，供大家参考学习，其主要性能指标如表 2-2 所示。

表 2-2　几款第 3 代智能酷睿 i 处理器的性能指标

CPU	酷睿 i7-3770K	酷睿 i5-3570K	酷睿 i3-3220
微架构 / 核芯代号	Ivy Bridge	Ivy Bridge	Ivy Bridge
核芯 / 线程	4/8	4/4	2/4
制作工艺	22nm	22nm	22nm
CPU 频率	3.5 GHz	3.4GHz	3.3GHz
睿频加速频率	3.9 GHz	3.8GHz	不支持

续表

CPU	酷睿 i7-3770K	酷睿 i5-3570K	酷睿 i3-3220
GPU	HD Graphic 4000	HD Graphics 4000	HD Graphics 2500
L3 缓存	8MB	6MB	3MB
热设计功耗	77W	77W	55W
接口	LGA 1155	LGA 1155	LGA 1155
支持内存	DDR3-1600	DDR3-1600	DDR3-1600

第 3 代智能酷睿 i 处理器在命名方式上，仍沿用早期的方式。现以第 3 代酷睿 i7-3770K 为例，认识一下这款产品名称的含义。图 2-5 所示为酷睿 i7-3770K 处理器表面印制的文字。其中"INTEL"是生产厂商；"CORE"是处理器品牌；"i7"是定位标志；"3770K"中的"3"表示第 3 代，"3770"是该处理器的型号，"K"是指不锁倍频版。

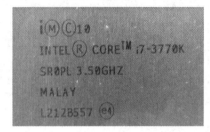

图 2-5　酷睿 i7 3770K CPU 表面印制的文字

时光在飞逝，科技在进步，每过一两年 Intel 公司都会推出新的 CUP 产品，新产品在制作工艺、集成度、性能上都会有大的提升，产品微架构不断更新，产品线也更加丰富。

目前，Intel 酷睿 i 处理器有酷睿 i9、酷睿 i7、酷睿 i5、酷睿 i3 四个系列，占据市场主流的是 Intel 酷睿 i 处理器的第 11 代产品。适用于台式计算机的酷睿第 11 代处理器有酷睿 i7 系列的 11700B、i5 系列的 11500B、i3 系列的 11100B。

表 2-3 所示是几款 Intel 台式计算机第 11 代智能酷睿 i 处理器的性能指标，供大家进一步认知 Intel CPU。

表 2-3　几款 Intel 台式计算机第 11 代智能酷睿 i 处理器的性能指标

CPU	酷睿 i7-11700B	酷睿 i5-11500B	酷睿 i3-11100B
微架构 / 核芯代号	Tiger Lake	Tiger Lake	Tiger Lake
核芯 / 线程	8/16	6/12	4/8
制作工艺	10nm	10nm	10nm
CPU 频率	3.2GHz	3.3GHz	3.6GHz
睿频加速频率	4.8 GHz	4.6GHz	4.4GHz
GPU	集成超核芯显卡	集成超核芯显卡	集成超核芯显卡
L3 缓存	24MB	12MB	12MB
热设计功耗	65W	65W	65W
支持最大内存	128GB	128GB	128GB
内存类型	DDR4 3200MHz	DDR4 3200MHz	DDR4 3200MHz

Intel 公司推出台式计算机第 11 代处理器时，针对笔记本式计算机也推出了基于 Tiger Lake-H 微架构的酷睿第 11 代处理器产品。适用于笔记本式计算机的酷睿第 11 代处理器有 i9 系列的 11980HK，i7 系列的 1165G7、11800H，i5 系列的 1135G7、11300H，i3 系列的

1115G4、1110G4、1125G4。表 2-4 所示为几款笔记本式计算机第 11 代智能酷睿 i 处理器的性能指标，供大家学习参考。

表 2-4　几款笔记本式计算机第 11 代智能酷睿 i 处理器的性能指标

CPU	酷睿 i9-11980HK	酷睿 i7-11800H	酷睿 i5-11300H	酷睿 i3-1115G4
微架构 / 核芯代号	Tiger Lake-H	Tiger Lake-H	Tiger Lake-H	Tiger Lake
核芯 / 线程	8/16	8/16	4/8	2/4
制作工艺	10nm	10nm	10nm	10nm
CPU 频率	2.6 GHz	2.4GHz	3.1GHz	3GHz
睿频加速频率	5GHz	4.6GHz	4.4GHz	4.1GH
L3 缓存	24MB	24MB	8MB	6MB
TDP 热设计功耗	65W	45W	35W	12 ～ 28W
支持最大内存	128GB	128GB	64GB	64GB
内存类型	DDR4 3200MHz	DDR4 3200MHz	DDR4 3200MHz LPDDR4X 4266MHz	DDR4 3200MHz LPDDR4X 3733MHz

2．AMD 处理器

AMD 处理器，往往以其卓越的性价比成为低端入门用户的首选，也凭借其优异的高性能常常成为游戏用户的不二选择，但其缺点是功耗较高。AMD 公司的 CPU 产品有 Athlon、Phenom、FX、APU、Ryzen 系列，目前主流产品是 Ryzen 系列。

1）Athlon（速龙）

Athlon 是 AMD 公司最成功的一代处理器微架构，中文官方名称为速龙。第一款 Athlon 处理器属于 AMD 的第七代（K7），其后出现 Athlon 64（64 位微处理器）、Athlon X2（2 核微处理器）、Athlon Ⅱ 系列（有 2 核、3 核、4 核）产品。Athlon Ⅱ 处理器的外观如图 2-6 所示。

图 2-6　Athlon Ⅱ 处理器的外观

Athlon Ⅱ 处理器的 Logo 有两种，如图 2-7 所示，其中右图为 2012 年 5 月新发布的核芯代号为"Trinity"的 Athlon Ⅱ X4 系列处理器的 Logo。

Athlon Ⅱ 处理器提升了二级高速缓存，但不设三级高速缓存。另外，Athlon Ⅱ 处理器的 2 核产品均属于原生设计

图 2-7　Athlon Ⅱ 处理器的 Logo

（4 核系列部分不是），因此处理器的热设计功耗比 Phenom II 系列低。Athlon II X3（3 核）处理器的核芯微架构与 Athlon II X4（4 核）相同，只是将其中一颗核芯屏蔽起来。几款 Athlon II 处理器的主要性能指标如表 2-5 所示。

表 2-5　几款 Athlon II 处理器的主要性能指标

CPU	Athlon II X2 260	Athlon II X3 450	Athlon II X4 640	Athlon II X4 750K
核芯代号	Regor	Rana	Propus	Trinity
核芯	2	3	4	4
制作工艺	45nm	45nm	45nm	32nm
CPU 频率	3.2GHz	3.2GHz	3.0GHz	3.4GHz
L2 缓存	2×1MB	3×512KB	4×512KB	4×1MB
热设计功耗	65W	95W	95W	100W
接口	AM3	AM3	AM3	FM2

表 2-5 中核芯代号为"Trinity"的 Athlon II X4 750K 处理器还具有类似 Intel 酷睿处理器睿频加速的动态超频技术，该款处理器的动态超频最高频率可达 4.0GHz。另外，AMD 处理器型号中的"K"，同酷睿处理一样都是指不锁倍频版的处理器。

2）Phenom（羿龙）

Phenom 处理器与 Athlon 处理器相比，额外集成了至少 2MB 的三级高速缓存。处理器核芯数主要为 3 核、4 核、6 核，定位高于 Athlon 处理器，主要面向中高端用户，特别是黑盒包装的 Phenom 处理器是游戏发烧友的至爱。黑盒是指处理器的包装是黑颜色的盒子，与散包及其他颜色唯一的区别是黑盒不锁倍频，可以为超频爱好者提供更大的超频空间。

2009 年，AMD 公司推出 Phenom 二代处理器（Phenom II），该处理器采用 45nm 制作工艺。除了时钟频率再次提高，Phenom II 的热设计功耗也更低了，同时有很大的超频空间，三级高速缓存的容量是第 1 代的 3 倍，由 2MB 提升至 6MB，此项改进令处理器在标准检查程序中的成绩提升了 30%。Phenom II 处理器的 Logo 及外观分别如图 2-8 和图 2-9 所示。

图 2-8　Phenom II 处理器的 Logo

图 2-9　Phenom II 处理器的外观

Phenom II 处理器已经全部停产，但是市面上仍有较大库存。Phenom II 系列以 X6 1055T、X4 955 等高性能、低价格的超高性价比占领了市场较大的份额。几款 Phenom II 处理器的主要性能指标如表 2-6 所示。

表 2-6　几款 Phenom II 处理器的主要性能指标

CPU	Phenom II X4 955	Phenom II X4 965	Phenom II X6 1055T	Phenom II X6 1100T
核芯	4	4	6	6
制作工艺	45nm	45nm	45nm	45nm
CPU 频率	3.2GHz	3.4GHz	2.8GHz	3.3GHz
L2 缓存	4×512KB	4×512KB	6×512KB	6×512KB
L3 缓存	6MB	6MB	6MB	6MB
热设计功耗	125W	125W	125W	125W
接口	AM3	AM3	AM3	AM3

3）FX

FX 系列采用了全新的 AMD Bulldozer 微架构（推土机）。其于 2011 年 10 月正式推出，面向高端发烧级用户，拥有 DDR3-1866 原生内存支持、XOP 指令集、集群多线程模块化设计等多项新特性，全面取代 Phenom II 系列处理器，AMD 公司官方指出这会使性能相对于 K10 构架提升 50% 以上。AMD FX 系列处理器的 Logo 如图 2-10 所示。

图 2-10　AMD FX 系列处理器的 Logo

第 2 代 AMD FX 处理器在 2012 年 10 月 23 日正式上市，该处理器采用 AMD Piledriver（打桩机）微架构，核芯代号为"Vishera"，单芯片最高 4 模块 8 核芯，支持 Turbo Core 3.0，无集成显示核芯。据性能评测媒体表示，基于 Piledriver 微架构的 AMD FX 系列的性能比 Bulldozer 的高 13% ～ 15%，但仍不敌 Intel 公司的酷睿 i7-3770K，部分项目甚至只和酷睿 i5-3570K 持平，不过 FX-8350 的官方售价却不超过 200 美元。FX 的超频能力也很强。在 2011 年 8 月 31 日，由 AMD 公司团队发布的主频为 3.6GHz 的 FX-81508 核芯处理器，超频达到 8.429GHz，荣登吉尼斯世界纪录"最高时钟频率的计算机处理器"。几款 FX 处理器的主要性能指标如表 2-7 所示。

表 2-7　几款 FX 处理器的主要性能指标

CPU	FX-4100	FX-6200	FX-8150	FX-4300	FX-6300	FX-8350
核芯代号	Bulldozer	Bulldozer	Bulldozer	Piledriver	Piledriver	Piledriver
核芯	4	6	8	4	6	8
制作工艺	32nm	32nm	32nm	32nm	32nm	32nm
CPU 频率	3.6GHz	3.8GHz	3.6GHz	3.8GHz	3.5GHz	4.0GHz
动态超频最高频率	3.8GHz	4.1GHz	4.2GHz	4.0GHz	4.1GHz	4.2GHz

续表

CPU	FX-4100	FX-6200	FX-8150	FX-4300	FX-6300	FX-8350
L2 缓存	2×2MB	3×2MB	4×2MB	2×2MB	3×2MB	4×2MB
L3 缓存	8MB	8MB	8MB	8MB	8MB	8MB
TDP 热设计功耗	95W	125W	125W	95W	95W	125W
接口	AM3+	AM3+	AM3+	AM3+	AM3+	AM3+

4）APU

APU（Accelerated Processing Unit）即加速处理器。AMD 公司并购 ATI 以后，随即公布了代号为"AMD Fusion"的融聚计划。简要地说，在制作的新的芯片上集成传统中央处理器和图形处理器，而且这种设计会将北桥芯片从主板上移除，集成到 CPU 中。此外，CPU 核芯还可以将原来依赖 CPU 核芯处理的任务（如浮点运算）交给为运算进行过优化的 GPU 处理（如处理浮点数运算），也就是 AMD 公司认为的加速处理单元。

基于 AMD Piledriver 微架构的第 2 代 APU，核芯代号为"Trinity"，支持双通道 DDR3-800 ～ 2133、Turbo Core 3.0、集成性能更强的 Radeon HD 7000 系列图形核芯等。几款基于 AMD Piledriver 微架构的 APU 处理器的主要性能指标如表 2-8 所示，表中是几款型号均带"K"的不锁频款。

表 2-8　几款基于 AMD Piledriver 微架构的 APU 处理器的主要性能指标

CPU	A6-5400K	A8-5600K	A10-5800K
核芯	2	4	4
制作工艺	32nm	32nm	32nm
CPU 频率	3.6GHz	3.6GHz	3.8GHz
动态超频最高频率	3.8GHz	3.9GHz	4.2GHz
L2 缓存	1MB	4MB	4MB
图形核芯	集成 HD 7540D	集成 HD 7560D	集成 HD 7660D
热设计功耗	65W	100W	99W
接口	FM2	FM2	FM2

5）Ryzen

美国旧金山当地时间 2017 年 2 月 21 日，AMD 公司总裁兼首席执行官 Lisa Su 女士正式公布了 Ryzen 7 处理器的型号、性能表现、价格及发售时间。Ryzen 7 处理器在国内被命名为锐龙。锐龙处理器的 Logo 如图 2-11 所示。AMD 公司首批推出了 Ryzen 7 三款高端型号：1700、1700X 和 1800X，全部采用 14nm 制造工艺，8 核 16 线程设计，L2/L3 总缓存为 20MB。

图 2-11　锐龙处理器的 Logo

Ryzen 7 1700 的主频为 3.0 GHz，加速频率为 3.7GHz，热设计功耗为 65W。在 Cinebench R15 *n*T 性能测试中，Ryzen 7 1700 领先 Intel 酷睿 i7-7700K 的幅度高达 46%，表现惊艳，价格也比酷睿 i7-7700K 便宜。

Ryzen 7 1700X 的主频为 3.4GHz，加速频率为 3.8GHz，热设计功耗为 95W。在 Cinebench R15 *n*T 性能测试中，Ryzen 7 1700X 领先 Intel 酷睿 i7-6800K 的幅度达到 39%，只比酷睿 i7-6900K 落后 4%。价格上，Ryzen 7 1700X 还比 Intel 酷睿 i7-6800K 便宜。

Ryzen 7 1800X 的主频为 3.6GHz，加速频率为 4.0GHz，热设计功耗依然是 95W，比 Ryzen 7 1700X 的性能更强，是 AMD Ryzen 7 的旗舰型号。在 Cinebench R15 *n*T 性能测试中，Ryzen 7 1800X 领先酷睿 i7-6900K 的幅度为 9%，在 Cinebench R15 1T 中和酷睿 i7-6900K 表现持平。在价格上，Ryzen 7 1800X 还不到酷睿 i7-6900K 的一半。

之后 AMD 公司陆续推出了 Ryzen 的 R3、R5、R7 系列，其中 Ryzen 7 系列（R7）定位高端，Ryzen 5 系列（R5）定位中端。AMD Ryzen 系列 CPU 最大的特色就是高主频、多核芯、多线程，R5 和 R7 明显的差别就是核芯数不同。对于用户而言，日常使用的应用程序对 8 线程以上的处理器支持度越好，就越适合选择 Ryzen 平台。例如，一些大型 3D 动画及建模软件在多线程的支持下，都可以使运行效率得到明显的提升。

AMD Ryzen 系列带 X 的处理器是指支持 XFR 技术的处理器。XFR 是一种超频技术，是在 Boost 加速频率的基础上允许再次超频运行的一种技术，这个技术能让频率随不同散热解决方案（风冷 / 水冷 / 液氮）而升降。XFR 技术的实现是完全自动的，无须用户干预。不带 X 的处理器额外超频空间要比带 X 的处理器幅度少一半，相当于带 X 的处理器在散热好的环境下，可以进一步智能超频。通俗地说，带 X 和不带 X 的处理器都支持超频，只不过不带 X 的 Ryzen 处理器仅支持一半的 XFR 超频，而带 X 的处理器则支持完整的 XFR 超频（需要搭配高端 X370 主板支持），也就是超频的潜力更大。

目前，AMD Ryzen 系列主流产品是 Ryzen 5、Ryzen 7、Ryzen 9，如表 2-9 所示为几款 AMD Ryzen 系列的 CPU 性能指标。

表 2-9　几款 AMD Ryzen 系列的 CPU 性能指标

CPU	Ryzen 9 5950X	Ryzen 9 5900HX	Ryzen 7 5800X	Ryzen 7 5800U	Ryzen 5 5600X	Ryzen 5 3550H
适合类型	台式机	笔记本	台式机	笔记本	台式机	笔记本
核芯代码	Zen 3	Zen 3	Zen 3	Zen 3	Zen 3	Zen
核芯 / 线程	16/32	8/16	8/16	8/16	6/12	4/8
制作工艺	7nm	7nm	7nm	7nm	7nm	12nm
CPU 频率	3.4GHz	3.3GHz	3.8GHz	1.9GHz	3.7GHz	2.1GHz
动态超频最高频率	4.9GHz	4.6GHz	4.7GHz	4.4GHz	4.6GHz	3.7GHz

CPU	Ryzen 9 5950X	Ryzen 9 5900HX	Ryzen 7 5800X	Ryzen 7 5800U	Ryzen 5 5600X	Ryzen 5 3550H
L2 缓存	8MB	4MB	4MB	4MB	3MB	2MB
L3 缓存	64MB	16MB	32MB	16MB	32MB	4MB
热设计功耗	105W	45W	105W	15W	65W	35W
插槽类型	Socket AM4	Socket AM4	Socket AM4	Socket AM4	Socket AM4	未公布
内存类型	DDR4 3200MHz LPDDR4 4266MHz	DDR4 3200MHz LPDDR4 4266MHz	DDR4 3200MHz	未公布	DDR4 3200MHz	DDR4 2400MHz

3. 龙芯系列处理器

龙芯系列处理器芯片是龙芯中科技术股份有限公司研发的具有自主知识产权的处理器芯片，产品以 32 位和 64 位单核及多核 CPU/SOC 为主，主要面向国家安全、高端嵌入式、个人计算机、服务器和高性能机等应用。产品线包括龙芯 1 号小 CPU、龙芯 2 号中 CPU 和龙芯 3 号大 CPU 三个系列。

龙芯 1 号小 CPU（简称"龙芯 1 号"）系列处理器，采用 GS132 或 GS232 处理器核，集成各种外围接口，形成面向特定应用的单片解决方案，主要应用于云终端、工业控制、数据采集、手持终端、网络安全、消费电子等领域。2011 年推出的龙芯 1A 和龙芯 1B CPU 具有接口功能丰富、功耗低、性价比高、应用面广等特点。龙芯 1A 还可以作为 PCI 南桥使用。2013 年和 2014 年相继推出的龙芯 1C 和龙芯 1D 分别针对指纹生物识别和超声波计量领域定制，具有成本低、功耗低、功能丰富、性能突出的特点。2015 年研制的龙芯 1H 芯片针对石油钻探领域随钻测井应用设计，目标工作温度为 175℃。2018 年新研制的龙芯 1C101 是在龙芯 LS1C100 基础上针对门锁应用而优化设计的单片机芯片，在满足低功耗要求的同时，可以大幅减少板级成本。

龙芯 2 号中 CPU（简称"龙芯 2 号"）系列处理器，采用 GS464 或 GS264 高性能处理器核，集成各种外围接口，形成面向嵌入式计算机、工业控制、移动信息终端、汽车电子等的 64 位高性能、低功耗 SoC 芯片。2008 年推出的龙芯 2F 经过近几年的产业化推广，目前已经实现规模化应用。集成度更高的龙芯 2H 于 2013 年推出，可作为独立 SoC 芯片使用，也可作为龙芯 3 号的桥片使用。目标为安全、移动领域的龙芯 2K1000 处理器目前已完成基本功能调试与测试，正在进行系统开发和稳定性测试。

龙芯 3 号大 CPU（简称"龙芯 3 号"）系列处理器，片内集成多个 GS464、GS464e 或 GS464v 高性能处理器核以及必要的存储和 I/O 接口，面向高端嵌入式计算机、桌面计算机、服务器、高性能计算机等应用。2009 年年底推出 4 核龙芯 3A，2011 年推出 65nm 的 8 核龙芯 3B1000，2012 年推出了采用 32nm 工艺设计的性能更高的 8 核龙芯 3B1500，其最高主频可达 1.5GHz，支持向量运算加速，最高峰值计算能力达到 192G FLOPS。2015 年第 2 代龙芯 4 核处理器首款产品龙芯 3A2000/3B2000 研制成功（其中龙芯 3B2000 为面向服务器版本），在基本功耗与龙芯 3A1000 相当的情况下，综合性能提升 2 ～ 4 倍。2016 年，使用 28nm 工艺的龙芯 3A3000/3B3000 芯片流片成功，主频为 1.5GHz，除了频率带来的性能提升，微结构还对定点流水线进行了调整，增加了共享 Cache 容量，使芯片性能大幅提升。2019 年，同样使用 28nm 工艺的龙芯 3A4000/3B4000 芯片流片成功，主频为 2.0GHz，采用全新微架构，集成了全面优化的 GS464v 处理器核，性能比龙芯 3A3000/3B3000 再提升一倍左右。2017 年，龙芯 3 号的配套桥片 7A1000 研制成功，龙芯 7A1000 桥片采用 40nm 工艺，通过 HT 3.0 接口与处理器相连，集成 GPU、显示控制器和独立显存接口，外围接口包括 32 路 PCIE 2.0、2 路 GMAC、3 路 SATA 2.0、6 路 USB 2.0 和其他低速接口，可以满足桌面和服务器领域对 I/O 接口的应用需求，以及通过外接独立显卡的方式支持高性能图形应用需求。表 2-10 所示为几款龙芯系列 CPU 的性能指标。

表 2-10　几款龙芯系列 CPU 的性能指标

CPU	龙芯 3A4000	龙芯 2K1000	龙芯 1C101
适合类型	台式机	手机 / 平板	门锁
核芯	4	2	1
制作工艺	28nm	40nm	130nm
CPU 频率	1.5GHz	1GHz	0.008GHz
动态超频最高频率	2GHz		
L2 缓存	256KB	1MB	
L3 缓存	8MB		
热设计功耗	30W	5W	5mA
插槽类型	BGA 1211	BGA 608	QFP 64
内存类型	DDR4 2400MHz	DDR3 1066MHz DDR3 1066MHz	

知识链接

面对品种繁多的 CPU，该如何选择一款合适的产品呢？

作为初学者，掌握一些 CPU 的主要性能指标就可以了。简单地说，先看 CPU 的架构、主频，再看 L2 缓存甚至 L3 缓存，有时还要注意核芯数目，了解了这些指标，就可以掌握 CPU 的性能，从而合理地进行各部件的搭配。

这里介绍 CPU 最重要的 9 个性能指标。

1. CPU 架构

关于 CPU 架构，目前没有一个权威和准确的定义，简单来说就是 CPU 核芯的设计方案。

它是 CPU 厂商设计之初使用的一个暂时的名称，称为核芯代码或研发代码。

更新 CPU 架构能有效地提高 CPU 的执行效率，但也需要投入巨大的研发成本，因此 CPU 厂商一般每 2～3 年才更新一次架构。例如，Intel 公司的 Westmere 微架构、Sandy Bridge 微架构、Ivy Bridge 微架构、Coffee Lake 微架构、Tiger Lake 微架构；AMD 公司的 K10（Phenom 系列）、K10.5（Athlon II/Phenom II 系列）、Bulldozer 微架构、Piledriver 微架构、Zen 微架构等。有时，同一微架构也因产品系列的不同，而设置不同的"核芯代码"。

每次微架构的更新和改进既是制作工艺的提升，也是性能的升级。

2．制造工艺

我们常说的 CPU 制作工艺是指生产 CPU 的技术水平。改进制作工艺，就是通过缩短 CPU 内部电路与电路之间的距离，使同一面积的圆片可实现更多功能或更强性能。制作工艺以纳米（nm）为单位，目前 CPU 主流的制作工艺是 10nm 和 7nm。对普通用户来说，更先进的制作工艺能带来更低的功耗和更好的超频潜力。

3．32 位与 64 位 CPU

32/64 位指的是 CPU 位宽，更大的 CPU 位宽有两个好处：一次能处理更大范围的数据运算和支持更大容量的内存。对于前者，普通用户暂时没法体验其优势，但对于后者，很多用户都碰到过，一般情况下 32 位 CPU 只支持 4GB 以内的内存，更大容量的内存无法在系统中识别（服务器级除外）。于是就有了 64 位 CPU，然后就有了 64 位操作系统与软件。

目前，所有主流 CPU 均支持 X86-64 技术，但要发挥其 64 位优势，必须搭配 64 位操作系统和 64 位软件。

4．主频、倍频、外频、超频

CPU 主频就是 CPU 运算时的工作频率，在单核时代它是决定 CPU 性能的最重要指标，一般以 GHz 为单位，如酷睿 i7-11700B 的主频是 3.2GHz。说到 CPU 主频就不得不提外频和倍频，由于 CPU 的发展速度远远超出内存、硬盘等配件的速度，于是便提出外频和倍频的概念，它们的关系是主频＝外频×倍频。超频通过手动提高外频或倍频来提高主频。

5．核芯数、线程数

虽然提高频率能有效提高 CPU 的性能，但受制作工艺等物理因素的限制，早在 2004 年，提高频率便遇到了瓶颈，于是 Intel 公司和 AMD 公司只能另辟蹊径来提升 CPU 的性能，2 核、多核 CPU 便应运而生。目前 CPU 有 2 核、3 核、4 核、6 核、8 核、16 核。

其实增加核芯数目就是为了增加线程数，因为操作系统是通过线程来执行任务的，一般情况下是 1：1 的对应关系，也就是说 4 核 CPU 一般拥有 4 个线程。但 Intel 公司引入超线程技术后，使核芯数与线程数形成 1：2 的关系，如 4 核酷睿 i7 支持 8 线程（或称为 8 个逻辑核芯），大幅提升了其多任务、多线程的性能。

6．缓存

缓存（Cache）也是决定 CPU 性能的重要指标之一。为什么要引入缓存？在解释之前必须先了解程序的执行过程，首先从硬盘提取程序，存放到内存，再利用 CPU 进行运算与执行。由于内存和硬盘的速度实在比 CPU 慢太多了，每执行一个程序，CPU 都要等待内存和硬盘，引入缓存技术便是为了解决此矛盾。当缓存与 CPU 速度一致时，CPU 在缓存上读取数据比 CPU 在内存上读取快得多，从而提升了系统的性能。当然，由于 CPU 芯片面积和成本等原因，缓存都很小。目前主流 CPU 都有 L1 和 L2 缓存，高端的设有 L3 缓存。

7．热设计功耗

热设计功耗（Thermal Design Power，TDP）指的是 CPU 达到最大负荷时释放出的热量，单位是瓦特（W），它主要是散热器厂商的参考标准。高性能 CPU 同时带来了高发热量，如 AMD Ryzen 9 5950X 的热设计功耗达到了 105W，而 Intel 酷睿 i7-11700B 的热设计功耗只有 65W。显然，它们对散热器的要求是不同的。

8．超线程技术

超线程（Hyper-Threading，HT）技术最早出现在 2002 年的奔腾 4 上，它利用特殊的硬件指令，把单个物理核芯模拟成两个核芯（逻辑核芯），让每个核芯都能使用线程级并行计算，进而兼容多线程操作系统和软件，减少 CPU 的闲置时间，提高 CPU 的运行效率。智能酷睿再次引入超线程技术，如 8 核的酷睿 i7 可同时处理 16 个线程操作，而 6 核的酷睿 i5 也可同时处理 12 线程操作，大幅增强了它们多线程的性能。

超线程技术只需要消耗很小的核芯面积，就可以在多任务的情况下提供显著的性能，与完全再添加一个物理核芯相比要划算得多。评测结果显示，开启超线程技术后，多任务性能提升 20% ～ 30%。

9．睿频加速技术

睿频加速（Turbo Boost）技术是一种动态加速技术。Intel 公司的处理器最先采用该技术，处理器通过分析当前 CPU 的负载情况，智能地完全关闭一些用不上的核芯，把能源留给正在使用的核芯，并使其运行在更高的频率，进一步提升性能；相反，需要多个核芯时，动态开启相应的核芯，智能调整频率。这样，在不影响 CPU 的热设计功耗情况下，能把各核芯的频率调得更高。

举个简单的例子，如果某个游戏或软件只用到 1 个核芯，睿频加速技术就会自动关闭其他 3 个核芯，把正在运行游戏或软件的那个核芯的频率提高，从而获得最佳性能。但与超频不同，睿频加速技术是自动完成的，也不会改变 CPU 的最大功耗。目前，Intel 公司的酷睿 i7/i5 支持睿频加速技术。

AMD 公司的动态超频（Turbo Core）技术与 Intel 公司的睿频加速技术有着异曲同工之妙，

虽然其运作流程不同，但是都是为了在 TDP 的允许范围内，尽可能地提高运行中核芯的频率，以达到提升 CPU 工作效率的目的。AMD APU 系列、FX 系列处理器均支持 Turbo Core 技术。特别是 APU 对 Turbo Core 具有良好的支持，使其图形处理更加强大，动态加速得到完美体现。

拓展与提高

Mobile CPU 是笔记本式计算机专用 CPU，也可以称为移动 CPU。移动 CPU 也属于 CPU 大家族的一员，并且所有的新技术在移动 CPU 上都有体现，从原理上讲，它和台式计算机所用的 CPU 没有什么不同。但移动 CPU 的设计不仅是为了让计算机的速度更快，还需要有更小的功耗和更小的发热量，所以它和台式计算机 CPU 相比还是有着较大的区别的。例如，移动 CPU 往往已经进行锁频封装处理，因此是不能对其进行超频运行的（个别顶级处理器除外），所以移动 CPU 的真实性能可以从它的微架构、主频、L2 和 L3 缓存、前端总线频率等主要参数上看出来。总体来说，了解和认识清楚笔记本式计算机所采用的处理器这些方面的信息，就可以知道该款笔记本式计算机的核心性能了。

和台式计算机一样，移动 CPU 也根据使用场合和定位分为不同系列，其中 Intel 公司占有较大比例。所以，下面以 Intel 公司为例，简单介绍一下移动 CPU。

1. Atom 处理器

Atom 处理器是 Intel 公司研发的史上最小的处理器。它采用了一种全新的设计，旨在提供出色的低功率特性。Atom 处理器使用广泛，适合嵌入式工业场合、移动互联网设备，以及简便、经济的上网本等。Atom 处理器的 Logo 如图 2-12 所示。

上网本曾广泛采用 Intel 公司推出的 N2600 和 N2800 两款第 3 代 Atom 处理器，它们都封装了 1MB 的 L2 缓存，处理器的频率下降到 1.6GHz 和 1.86GHz。内建的 Intel 图形媒体加速器（Intel Graphics Media Accelerator）3600/3650，电池续航力比上一代平台增加了 20%。其中使用第 3 代 Atom 处理器平台的 Netbook，拥有 10h 的电池续航力，可连续待机数星期，并支持 1080p 的高分辨率影片。

图 2-12　Atom 处理器的 Logo

2. CULV 处理器

CULV（Consumer Ultra Low Voltage，消费级超低电压）是针对消费级笔记本式计算机市场的超低电压处理器。由于 CULV 处理器的功耗和发热量大幅下降，所以采用该处理器的笔记本式计算机散热组件可以大幅缩小，电路设计可以更加简单，机身也可以做得非常薄。

3. Intel 酷睿 i 移动版处理器

酷睿 i 移动版处理器和桌面版一样，拥有更高的性能和更低的功耗，在性能参数上可参考前面介绍的酷睿 i 处理器。虽然 Intel 公司推出了全新的 7nm 移动处理器，但是 Intel 酷睿

i 移动版处理器仍是市场的主流。

注意

以 CPU 的系列型号来区分 CPU 性能的高低只对同时期的产品有效。任何事物都是相对的，今天的高端就是明天的中端、后天的低端。

 实训操作

1. 查看本人及本组所操作的计算机 CPU 的型号、主要性能指标。

2. 上网查阅学习当前市场最新的 Intel CPU 和 AMD CPU 的型号及主要性能指标。

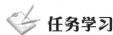
任务 2 深入认知主板

学习内容

1. 主板概述。

2. 主板的结构。

3. 主板主芯片组。

4. 主板插槽和接口。

任务描述

深入认知主板，学习主板结构、主芯片组、插槽和接口等主板知识，了解主板的品牌、种类和参数，学会鉴别和选择主板，并在组装时正确选择主板。

任务准备

每组准备一片主板和一个内存，如果条件允许，可以准备几个型号不同的主板和内存。

任务学习

1. 主板概述

主板又称主机板、母板、系统底板，是计算机系统最重要的部件。计算机主板一般为矩形电路板，上面安装了组成计算机的主要电路系统，提供一系列设备连接的插槽和接口，供 CPU、显卡、声卡、网卡、硬盘、外部设备等进行连接，这些设备或直接插入相关插槽，或用线缆进行连接。主板的最大特点是采用了开放式结构，可通过更换插槽上的插卡，对相应的组件进行升级，使厂家和用户在配置机型方面有更大的灵活性。

主板在整个计算机系统中扮演着举足轻重的角色，计算机中几乎所有的部件、设备在它的基础上运行，一旦主板发生故障，整个系统都不可能正常工作。可以说，主板的类型和档次决定着整个计算机系统的类型和档次，主板的性能影响着整个计算机系统的性能，主板的设计和工艺与计算机质量有极大的关系，所以从计算机诞生开始，各厂家和用户都十分重视主板的体系结构和加工水平。因此，了解主板的特性及使用情况，对购机、装机、用机都是极有价值的。

2．主板的结构

主板主要由电子元器件、接口、电路和总线构成。

电子元器件包括芯片组、BIOS 芯片、I/O 芯片、时钟芯片、串口芯片、门电路芯片、监控芯片、电源控制芯片、三极管、场效应管、二极管、电阻、电容等；接口包括 CPU 接口、USB 接口、IDE 接口、SATA 接口、FDD 软驱接口、LPT 并行接口、COM 串行接口、PS/2接口等，还包括集成声卡、网卡和显卡接口等；电路包括供电电路、时钟电路、复位电路、开机电路、BIOS 电路、接口电路等；总线包括处理器总线、内存总线、I/O 总线、连接器总线、特殊总线等。由于主板是计算机中各种设备的连接载体，而这些设备是各不相同的，因此制定一个标准以协调各种设备的关系是必须的。

所谓主板结构就是根据主板上各元器件的布局排列方式、尺寸大小、形状、所使用的电源规格等制定的通用标准，所有主板厂商都必须遵循。主板的版型结构如表 2-11 所示。

表 2-11　主板的版型结构

主 板 版 型	主板版型说明
AT、Baby-AT	多年前的主板结构，现在已经淘汰
LPX、NLX、Flex ATX	LPX、NLX、Flex ATX 则是 ATX 的变种，多见于国外的品牌机，国内尚不多见
ATX（标准型）、Micro ATX（紧凑型）、Mini-ITX（迷你型）	ATX 是目前市场上最常见的主板结构，扩展插槽较多，PCI 插槽数量在 4～6 个，大多数主板都采用此结构 Micro ATX 又称 Mini ATX，是 ATX 结构的简化版，就是常说的"小板"，扩展插槽较少，PCI 插槽数量在 3 个或 3 个以下，多用于品牌机，并配备小型机箱 Mini-ITX 是设计用于小空间的、相对低成本的计算机的，如用在汽车、置顶盒以及网络设备中的计算机
EATX（加强型）、WATX	EATX 和 WATX 则多用于服务器 / 工作站主板，其中 E-ATX 主板尺寸大概为 30.5cm×33cm，大多支持两个以上 CPU，多用于高性能工作站或服务器
BTX	BTX 则是 Intel 公司制定的主板结构，并未成为主流

3．主板主芯片组

主板上最重要的构成组件是芯片组（Chipset），主板芯片组是主板的灵魂，它为主板提供一个通用平台以供不同设备连接，控制不同设备的沟通。它的性能和技术特性决定了其可以与何种硬件搭配，可以达到怎样的运算性能、内存传输性能和硬盘传输性能。例如，某位用户对显卡的性能要求很高，一块显卡已经不足以满足需要，那么一款可以支持多张显卡同时运行的主板就显得尤其重要。一款主板可以支持多少张显卡同时运行呢？这就受主板芯片组的规格限制。

传统的芯片组是由南/北桥两个芯片构成的。

北桥芯片（North Bridge）是主板芯片组中起主导作用的最重要的组成部分，也称为主桥（Host Bridge）。北桥芯片主要负责CPU与内存之间的数据交换和传输，承担高数据传输速率设备的连接，它直接决定着主板可以支持什么CPU和内存。此外，北桥芯片还承担着AGP总线或PCI-E 16X的控制、管理和传输功能。一般来说，芯片组的名称就是以北桥芯片的名称来命名的，如Intel 845E芯片组的北桥芯片是82845E，875P芯片组的北桥芯片是82875P等。北桥芯片就是主板上离CPU最近的芯片，这主要是考虑到北桥芯片与处理器之间的通信最密切，为了提高通信性能而缩短传输距离。因为北桥芯片的数据处理量非常大，发热量也越来越大，所以现在的北桥芯片都通过覆盖散热片来加强北桥芯片的散热，有些主板的北桥芯片还会配合风扇进行散热。

南桥芯片则负责与低速率传输设备之间的联系。具体来说，它负责与USB、声卡、网络适配器、SATA设备、PCI总线设备、串行设备、并行设备、RAID构架和外置无线设备的沟通、管理和传输。当然，南桥芯片不可能独立实现如此多的功能，它需要与其他功能芯片共同合作，才能让各种低速设备正常运转。

随着芯片工艺的进步，主板芯片组已不完全是南/北桥结构，有的已经实现单芯片设计。

了解芯片组的型号对选购一块主板非常重要，选购时主要考虑主板对CPU和内存的支持性，以及是否集成显卡等。常见主板及芯片组的品牌、型号如表2-12所示。

表2-12 常见主板及芯片组的品牌、型号

主板品牌/型号/板型	主芯片组	CPU插槽/CPU型号	显示芯片	内存类型/最大容量
华硕 ROG STRIX Z590-A GAMING WIFI ATX (30.5cm×24.4cm)	Intel Z590	LGA 1200 第10、11代 Core/Pentium/Celeron	CPU内置显示芯片	4×DDR4 DIMM 128G
技嘉 H370M DS3H Micro ATX (24.4cm×24.4cm)	Intel H370	LGA1151 第8代 Core i7/i5/i3/Pentium/Celeron	CPU内置显示芯片	4×DDR4 DIMM 64G
微星 B360I GAMING PRO AC Mini-ITX (17cm×17cm)	Intel B360	LGA1151 第8代 Core i7/i5/i3/Pentium/Celeron	CPU内置显示芯片	2×DDR4 DIMM 32G

续表

主板品牌/型号/板型	主芯片组	CPU 插槽/CPU 型号	显示芯片	内存类型/最大容量
华硕 ROG STRIX TRX40-E GAMING ATX (30.5cm×24.4cm)	AMD TRX40	Socket sTRX4 第 3 代 AMD Ryzen Threadripper	CPU 内置显示芯片	8×DDR4 DIMM 256G
技嘉 X570 I AORUS PRO WIFI Mini-ITX (17cm×17cm)	AMD X570	Socket AM4 第 2、3 代 AMD Ryzen	CPU 内置显示芯片	2×DDR4 DIMM 64G
微星 MAG B550M MORTAR Micro-ATX (24.4cm×24.4cm)	AMD B550	Socket AM4 第 3 代 AMD Ryzen	CPU 内置显示芯片	4×DDR4 DIMM 128G

4．主板插槽和接口

计算机主板上的插槽主要有 CPU 的插槽、内存插槽、声卡、显卡、网卡等扩展卡插槽，接口有主板电源接口、CPU 供电接口、连接硬盘及光驱的 SATA 接口、M.2 接口、CPU 散热器电源接口等。不同的主板，插槽的位置可能略有不同。图 2-13 所示为某一主板上的插槽和接口。

图 2-13　某一主板上的插槽和接口

1）CPU 插槽

CPU 插槽即主板上安装 CPU 的专用插座。根据主板芯片组所支持 CPU 的类型和接口的不同，主板提供不同类型和接口的 CPU 插槽。如果主板采用 Intel 芯片组，则提供支持 Intel 类型 CPU 的插槽，若采用 AMD 芯片组，则提供支持 AMD 类型 CPU 的插槽。CPU 经过这么多年的发展，采用的接口方式有引脚式、卡式、触点式、针脚式等，采用何种接口，对应主板上就需要有相应接口的插槽。因此选择 CPU，就必须选择带有与之对应插槽类型的主板。

下面列出历代 Intel 系列 CPU 的插槽接口、微架构、CPU 型号及搭配的主板，如表 2-13 所示。

表 2-13　历代 Intel 系列 CPU 的插槽接口、微架构、CPU 型号及搭配的主板

插 槽 接 口	微架构及工艺	CPU 型号	主 板 搭 配
LGA 1156 接口	Nehalem 32nm	（1）赛扬：G1101 （2）奔腾：G6950、6951、6960	P55/H55
LGA 1155 接口	Sandy Bridge 32nm	（1）赛扬：G440、G460、G465、G470、G530、G540、G550、G555 （2）奔腾：G630、G850 （3）酷睿 i3：2100、2120、2130 （4）酷睿 i5：2300、2310、2500、2500K （5）酷睿 i7：2600、2600K	H61/H67/P67 /Z68
	Ivy Bridge 22nm	（1）赛扬：G1610、G1620、G1630 （2）奔腾：G2020、G2030、G2120 （3）酷睿 i3：3220、3225、3240 （4）酷睿 i5：3450、3550、3570、3570K （5）酷睿 i7：3770、3770K	H61/B75/ H77/Z77
LGA 1150 接口	Haswell 22nm	（1）赛扬：G1820、G1830、G1840、G1850 （2）奔腾：G3220、G3260、G3258、G3420 （3）酷睿 i3：4130、4150、4160、4170 （4）酷睿 i5：4430、4440、4570、4590、4670、4670K （5）酷睿 i7：4770、4770K、4790、4790K	H81/B85/H87/H97 Z87/Z97
	Haswell-E 22nm	酷睿 i7：5820K	X99
LGA 1151 接口	Sky Lake 14nm	（1）赛 扬：G3900、G3900T、G3900E、G3900TE、G3902E、G3920 （2）奔腾：G4400、G4400T、G4500、G4500T、G4520 （3）酷睿 i3：6100 （4）酷睿 i5：6400、6500、6600K （5）酷睿 i7：6700、6700K	H110/B150/B250 H170/Z270
	Kaby Lake 14nm	（1）赛扬：G3930、G3950 （2）奔腾：G4560、G4600、G4620 （3）酷睿 i3：7100、7350K （4）酷睿 i5：7400、7500、7600K （5）酷睿 i7：7700、7700K （6）酷 睿 i9：7900X、7960X、i9-7920X、7820X、i9-7800X、7940X、i9-7980XE	H110/B150/B250 Z170/Z270
	Coffee Lake 14/10nm	（1）酷睿 i3：8100、8300、8350K （2）酷睿 i5：8400、8500、8600K （3）酷睿 i7：8700、8700K	Z370/B360/H310

续表

插 槽 接 口	微架构及工艺	CPU 型号	主 板 搭 配
LGA 1200 接口	Rocket Lake 14nm	（1）酷睿 i5：11400、11400F、11600KF、 （2）酷睿 i7：11700K、11700、11700F （3）酷睿 i9：11900K、11900T	B560/Z590
	Comet Lake 14nm	（1）酷睿 i3：10100、10100F、10105F、10105 （2）酷睿 i5：10400F、10400、10600KF、10500、 （3）酷睿 i7：10700K、10700、10700F、 （4）酷睿 i9：11900K、10850K、	Z490/Z590 /B460B560//H410/
LGA 2066 接口	Skylake/ Skylake-X 14nm	（1）酷睿 i7：7800X （2）酷睿 i9：10900X、7960X、7980XE、7900X、10920X、7920X、10940X、7940X	Intel X299
	Cascade Lake-X 14nm	酷睿 i9：10980XE	
	Haswell 14nm	酷睿 i7：4940MX	
	Kaby Lake-X 14nm	（1）酷睿 i7：7740X （2）酷睿 i5：7640X	

AMD CPU 插槽主要有 Socket AM3+、Socket FM2+、Socket FM2、Socket AM4、Socket TR4、Socket sTRX4。

Socket AM3 插槽全面支持 AMD 桌面级 45nm 处理器，它有 938 针的物理引脚，兼容旧的 Socket-AM2+ 插槽，甚至是更早的 Socket-AM2 插槽。

Socket AM3+ 于 2011 年发布，取代上一代 Socket AM3 并支持 AMD 新一代 32nm 处理器 AMD FX。Socket AM3+ 与 Socket AM3 可互相兼容，AM3 CPU 可在 AM3+ 主板上运作，AM3+ CPU 也可在 AM3 主板上运行（一般需要刷新 BIOS），但可能会供电不足导致效能受限。为了让一些使用 AM3 的芯片组可以使用 AM3+ 插槽，主板厂商通过改版 BIOS 来实现。为了更直观区分 AM3+ 和 AM3，AMD 统一将 AM3+ 插槽做成黑色，区别于 AM3 常见的白色插槽。

Socket FM2 是 AMD Trinity APU 桌面平台的 CPU 插槽。

Socket AM4 是 AMD 锐龙系列处理器的插槽，该插槽采用 uOPGA 样式，比 uPGA 略有改进，但仍然是针脚在处理器底部、触点在主板上的传统设计，具体针脚数量为 1331 个，比起 AM3+ 的 942 个、FM2+ 的 906 个增加了不少。AM4 处理器内存控制器能支持 DDR4，起步频率为 2400MHz，可以超频到最高 2933MHz。

Socket TR4 是 AMD Ryzen Threadripper 处理器的插槽，第一、二代 Threadripper 处理器插槽是 Socket TR4，最新的第三代 Threadripper 处理器插槽换成了 sTRX4，它们都是 4096

个触点，布局也一模一样，但功能定义大相庭径，所以彼此并不兼容。

Socket AM3、Socket AM3+、Socket FM2、Socket AM4 、Socket TR4 五种 AMD CPU 插槽如图 2-14 所示。

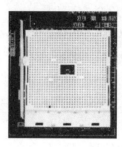

 （a）Socket AM3 （b）Socket AM3+ （c）Socket FM2 （d）Socket AM4 （e）Socket TR4

图 2-14 五种 AMD CPU 插槽

2）内存插槽

内存插槽用于安装内存，将内存连接到主板上，主板所支持的内存种类和容量都由内存插槽来决定。通常主板会提供 2 ～ 4 个内存插槽，有的主板能提供 8 个内存插槽。内存插槽的数量越多，说明主板的内存扩展性越好。

台式机主板内存插槽主要有 SIMM、DIMM 和 RIMM 三种类型，而笔记本内存插槽则是在 SIMM 和 DIMM 插槽基础上发展而来的，基本原理并没有变化，只是在针脚数上略有改变。

SIMM，单列直插内存模块，就是一种两侧金手指都提供相同信号的内存结构，它多用于早期的 FPM 和 EDD DRAM。在内存发展进入 SDRAM 时代后，SIMM 逐渐被 DIMM 技术取代。

DIMM，双列直插内存模块，它的金手指两端不像 SIMM 那样是互通的，而是各自独立传输信号，因此可以满足更多数据信号的传送需要。DIMM 有 SDRAM DIMM 和 DDR DIMM 两种：SDRAM DIMM 为 168Pin DIMM 结构，金手指每面为 84Pin，金手指上有两个卡口，用来避免插入插槽时，将内存反向插入而导致烧毁；DDR DIMM 则采用 184Pin DIMM 结构，金手指每面有 92Pin，金手指上只有一个卡口。卡口数量的不同，是二者最为明显的区别。DDR2 DIMM 为 240pin DIMM 结构，金手指每面有 120Pin，与 DDR DIMM 一样，金手指上只有一个卡口，但是卡口的位置与 DDR DIMM 稍有不同，因此 DDR 内存是插不进 DDR2 DIMM 的，同理 DDR2 内存也是插不进 DDR DIMM 的。DDR4 DIMM 插槽设计用于最新一代 DIMM 格式的 DDR/SDRAM。DDR4 DIMM 为 284pin DIMM 结构，与其他 DDR/SDRAM 产品相比，其的产品速率提高了 100%，密度提高了 30%，而所需电压却降低了 20%。这些 DIMM 插槽支持 UDIMM、RDIMM 及 LRDIMM 存储器应用，广泛用于高速数据、计算、通信和网络服务器，数据速率高达 32 亿次每秒。DDR4 DIMM 插槽如图 2-15 所示。

图 2-15　DDR4 DIMM 插槽

RIMM，是 Rambus 公司生产的 RDRAM 所采用的接口类型，RIMM 内存与 DIMM 的外形尺寸差不多，金手指同样也是双面的。RIMM 有 184 Pin 的针脚，在金手指的中间部分有两个靠得很近的卡口。RIMM 非 ECC 版有 16 位数据宽度，ECC 版则都是 18 位宽。由于 RDRAM 较高的价格，此类内存在 DIY 市场很少见到，RIMM 接口也就难得一见了。

3）SATA 接口和 M.2 接口

SATA 接口插槽为 7 根引脚设计，用于连接硬盘、光驱等设备。设备连接采用点对点连接，即一个接口插槽只能连接一个存储装置。主板提供的 SATA 接口主要为 SATA 2.0 和 SATA 3.0。为了区分，主板厂商常常将 SATA 2.0 接口做成蓝色的（图中灰色部分），将 SATA 3.0 接口做成白色的。主板上的 SATA 接口如图 2-16（a）所示。

M.2 接口是 Intel 公司推出的一种替代 mSATA 新的接口规范，也就是我们以前经常提到的 NGFF，即 Next Generation Form Factor。M.2 接口有两种类型：Socket 2（B key——NGFF）和 Socket 3（M key——NVMe）。Socket 2 支持 SATA、PCI-E X2 接口，PCI-E X2 接口最大的读取速率可以达到 700Mbit/s，写入也能达到 550Mbit/s；Socket 3 可支持 PCI-E X4 接口，理论带宽可达 4Gbit/s。主板上的 M.2 接口如图 2-16（b）所示。

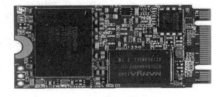

（a）SATA 接口　　　　　　　　　　　　　　　　　　（b）M.2 接口

图 2-16　主板上的 SATA 接口和 M.2 接口

4）扩展卡插槽

扩展插槽用于接入显卡、声卡、网卡、视频采集卡、电视卡等板卡设备。图 2-17 所示的主板提供了 2 条 PCI-E X16 插槽和 2 条 PCI-E X1 插槽，还提供了 2 条 PCI 插槽。

蓝色 PCI-E X16 插槽是 PCI Express 规格中的一种，具备单向 4Gbit/s、双向 8Gbit/s 高带宽，解决了 AGP 插槽带宽不足的问题。PCI-E X16 已是显卡的主流规格。图 2-17 所示的主板有两根 PCI-E X16 插槽，支持 SLI（Scalable Link Interface，可升级连接接口）显卡串联传输接口技术，可以同时插入两个同样的显卡，让显示性能倍增。

图 2-17　主板扩展插槽

PCI（Peripheral Component Interconnection，周边元件扩展接口）插槽的带宽为 133Mbit/s，是近年来最为普遍的扩展插槽，可以用来接入电视卡、视频采集卡、声卡、网卡等传统 PCI 设备。

PCI-E X1 插槽也是 PCI Express 规格中的一员，PCI Express 具有 X1、X2、X4、X8、X16、X32 六种带宽设计。其中 PCI Express X1 具有单向 250Mbit/s、双向 500Mbit/s 带宽，比 PCI 插槽高出不少。

5）I/O 背板接口

I/O 背板接口是计算机主机与外部设备连接的插座结合，如图 2-18 所示。通过这些接口，可以连接键盘、鼠标、显示器、音箱、网络、摄像头、移动硬盘、打印机等。

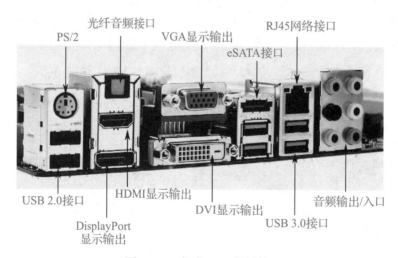

图 2-18　各类 I/O 背板接口

知识链接

早期的计算机主板是不集成的，只提供接口数据交换，显卡、声卡、网卡都要独立安装。随着集成电路技术与 PCB 制作工艺的发展，人们为了降低成本，开始在主板上集成相应的模块，这样就在满足用户使用功能的前提下，降低了成本，提高了可靠性。

集成主板又称整合主板，主要集成图形处理单元、音频、网卡等功能。也就是说，显卡、声卡、网卡等扩展卡都做到主板上。

以 Intel、AMD 两家公司 CPU 的发展趋势来看，这两家公司都已不在各自的主板芯片组中集成显卡，而是将显卡集成到 CPU 中，不仅如此，将南北桥也集成到 CPU 中，单芯片设计已成为主流。AMD 公司的 APU 平台已经遥遥领先于 Intel 公司，如 AMD 公司的 A10/A8/A6 系列集成的显卡性能都要强于 Intel 公司的 i7、i5、i3 集成的显卡。但不管怎么发展，Intel 公司的地位目前还是不可取代的，该公司生产的 CPU 在玩较高要求的游戏或其他应用时仍然强悍无比。

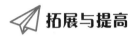

拓展与提高

1. 双通道技术

内存插槽双通道就是芯片组可在两个不同的数据通道上分别寻址、读取数据。这两个相互独立工作的内存通道依附于两个独立并行工作的内存控制器。

双通道有两个 64bit 内存控制器，双 64bit 内存体系所提供的带宽等同于一个 128bit 内存体系所提供的带宽，但是二者所达到的效果却是不同的。双通道体系包含了两个独立的、具备互补性的智能内存控制器，两个内存控制器能够在彼此间、零等待的情况下同时运作。例如，当控制器 B 准备进行下一次存取内存的时候，控制器 A 正在读 / 写主内存，反之亦然。两个内存控制器的这种互补"天性"可使有效等待时间缩减 50%。

简而言之，双通道技术是一种有关主板芯片组的技术，与内存自身无关。只要主板厂商在芯片内部整合两个内存控制器，就可以构成双通道系统。厂商只需要按照内存通道将 DIMM 分为 Channel 1 与 Channel 2，而用户只需要成双成对地插入内存。如果只插单个内存，那么两个内存控制器中只会工作一个，也就没有了双通道的效果。

2. 三通道技术

内存插槽三通道技术可以看成双通道内存技术的后续技术发展。酷睿 i7 处理器的三通道内存技术，最高可以支持 DDR3-1600 内存，提供高达 38.4Gbit/s 的高带宽，和双通道内存 20Gbit/s 的带宽相比，性能提升几乎可以达到翻倍的效果。安装三通道内存时，道理与双通道一样，同时插 3 个相同的内存于对应颜色的内存插槽中。图 2-19 所示为三通道内存插槽。

图 2-19　三通道内存插槽

实训操作

1. 分析本人操作的计算机主板型号参数，并对本组不同型号品牌的主板进行对比。

2．上网查阅分析主板芯片组命名标志，找出与 CPU 相配的规律。

3．查阅目前市场最新的主板参数。

任务 3　深入认知内存与硬盘

学习内容

1．认知内存

2．认知硬盘

3．内存的主要性能指标

4．硬盘的主要性能指标

任务描述

认知内存和硬盘，学习内存和硬盘的主要性能指标。

任务准备

每人或每组 1 台完整的计算机，硬盘 1 块，内存若干条。

任务学习

在计算机的组成结构中，有一个很重要的部分，那就是存储器。存储器是用来存储程序和数据的部件。有了存储器，计算机才拥有记忆功能，才能正常工作。存储器的种类很多，按其用途可分为主存储器和辅助存储器。

1．认知内存

主存储器也叫内存储器，简称内存，它的物理实质就是一组或多组具备数据输入与输出和数据存储功能的集成电路。CPU 直接与内存进行数据交换，用其存储当前正在使用的（执行中）的数据和程序，程序和数据只能暂时存储在内存中，一旦关闭电源或断电，其中的程序和数据就会丢失，也就是说，内存上存储的信息是掉电丢失的。内存的存取速度和内存的大小也直接影响着计算机的性能。

根据内存条所应用的主机不同，内存产品有各自不同的特点。台式机内存是 DIY 市场上最为普遍的内存，价格也相对便宜。笔记本内存则对尺寸、稳定性、散热性方面有一定的要求，价格要高于台式机内存。而应用于服务器的内存则对稳定性以及内存纠错功能要求严格，同时更加强调稳定性。

1）台式机内存的外观

台式机内存从外观上来看都是一条长长的条状板卡，俗称内存条，板卡上面有一颗颗内存颗粒，以及一长排金色的接点（金手指）。内存的外观如图 2-20 所示。

图 2-20　内存的外观

2）DDR 内存

作为 PC 不可缺少的核心部件，内存也在规格、技术、总线带宽等各个方面不断更新换代，从 286 时代的 30pin SIMM 内存、486 时代的 72pin SIMM 内存，到奔腾时代的 EDO DRAM 内存、PII 时代的 SDRAM 内存，再到 P4 时代的 DDR 内存、DDR2 内存、DDR3 内存，最后到现阶段的主流 DDR4 内存。不过，万变不离其宗，内存变化的目的归根结底就是提高内存带宽，以满足 CPU 不断攀升的带宽要求，避免成为高速 CPU 运算的瓶颈。

DDR 内存，又称 DDR SDRAM（Double Data Rate Synchronous Dynamic RAM），原文的意思是比前一代的内存 SDRAM 多两倍速率。这是由于 SDRAM 内存仅在时钟周期的"上升波段"才能传输数据，而 DDR 内存在一个时钟周期的"上升波段""下降波段"都能传送数据。

DDR2 内存与 DDR 内存相比，DDR2 内存最主要的改进是在内存模块速率相同的情况下，可以提供相当于 DDR 内存 2 倍的带宽。这主要是通过在每个设备上高效率使用两个 DRAM 核芯来实现的。

DDR3 内存在设计思路上与 DDR2 内存的差别并不大，仍然是通过提高传输速率的方法提高预读位数。DDR3 内存预读位数由 4bit 升级为 8bit，这样 DRAM 内核的频率只有接口频率的 1/8。DDR3-1600 内存的核芯工作频率为 200MHz，同时 DDR3 内存采用 100nm 以下的生产工艺，将工作电压从 1.8V 降至 1.5V。有的厂商已经推出 1.35V 的低压版 DDR3 内存。

DDR4 内存与 DDR3 内存相比最大的区别有三点：DDR4 为 16bit 预取机制（DDR3 内存为 8bit），同样内核频率下，理论速度是 DDR3 内存的 2 倍；DDR4 采用更可靠的传输规范，使数据可靠性进一步提升；DDR4 的工作电压降为 1.2V 和更低的 1.0V，而频率在 2133MHz 以上。

2. 认知硬盘

辅助存储器也叫外存储器，简称外存，是能够长期保存信息的存储设备。与内存不同，外存上的信息是掉电不丢失的。外存上信息的存取是通过机械部件来实现的，与 CPU 存取数据相比，速率要低得多，故 CPU 是不直接与外存进行数据交换的。

1）硬盘的分类

硬盘是计算机最常用的外存设备，根据应用不同，分为台式机硬盘、笔记本硬盘和服务器硬盘。

台式机硬盘就是最为常见的个人计算机内部使用的存储设备。随着用户对个人计算机性能的需求日益提高，台式机硬盘也在朝着大容量、高速率、低噪音的方向发展，单碟容量逐年提高，目前 1TB 的单碟容量是市场主流，转速也达到 7200r/min，甚至还有了 10000r/min 转速的 SATA 接口硬盘。

顾名思义，笔记本硬盘就是应用于笔记本式计算机的存储设备，它强调的是便携性和移动性，因此笔记本硬盘必须在体积、稳定性、功耗上达到很高的要求，而且防震性能要好。笔记本硬盘和台式机硬盘虽然从产品结构和工作原理上看，没有本质的区别，但是笔记本硬盘受盘片直径小、功耗限制、防震等因素制约，在性能上要落后于台式机硬盘，在缓存容量方面也略少于台式机硬盘。转速和缓存都低，自然数据传输率也较低。笔记本硬盘上往往保存着重要数据，再加上笔记本式计算机的移动特性，所以其安全性能是很重要的指标。笔记本硬盘本身设计了比台式机硬盘更好的防震功能，在遇到震动时能够暂时停止转动，保护硬盘。

服务器硬盘在性能上的要求要远远高于台式机硬盘，这是由服务器大数据量、高负荷、高速率等要求所决定的。服务器硬盘一般采用 SCSI 接口，高端服务器还有采用光纤通道接口的，极少的低端服务器采用台式计算机上的 ATA 硬盘。服务器硬盘具有以下四个特点。一是速率快。服务器硬盘转速很高，达到 7200 转、10000 转的产品已经相当普及，甚至还有达到 15000 转的，平均访问时间比较短；外部传输率和内部传输率也很高，它还配备了较大的回写式缓存，一般为 2MB、4MB、8MB 或 16MB，甚至还有 64MB 的产品。二是可靠性高。因为服务器硬盘几乎 24 小时不停地运转，承受着巨大的工作量。除了采用家用硬盘具备的自监测、分析和报告技术，硬盘厂商还采用了各自独有的先进技术来保证数据的安全。为了避免意外的损失，服务器硬盘一般都能承受 300G 到 1000G 的冲击力；为了提高可靠性，服务器多采用廉价冗余磁盘阵列（RAID）技术。RAID 技术相当于把一份数据复制到其他硬盘上，如果其中一个硬盘损坏，可以从另一个硬盘上恢复数据。三是多使用 SCSI 接口。多数服务器采用了数据吞吐量大、CPU 占有率极低的 SCSI 硬盘。SCSI 硬盘必须通过 SCSI 接口才能使用，因此有的服务器主板集成了 SCSI 接口，有的安有专用的 SCSI 接口卡，一块 SCSI 接口卡可以接 7 个 SCSI 设备，这是 IDE 接口所不能比拟的。四是可支持热插拔。热插拔是一些服务器支持的硬盘安装方式，可以在服务器不停机的情况下，拔出或插入一块硬盘，操作系统自动识别硬盘的改动。

这种技术对 24 小时不间断运行的服务器来说，是非常必要的。

2）硬盘内部结构

硬盘（Hard Disk）是计算机中容量最大的外部存储器，其内部结构比较复杂。硬盘内部结构如图 2-21 所示。

图 2-21　硬盘内部结构

人们通常是将磁性物质附着在金属盘片上，并将盘片安装到主轴电动机上，当硬盘开始工作时，主轴电动机将带动盘片一起转动，盘片表面悬浮的磁头在电路和传动臂的控制下进行移动，并将指定位置的数据读取出来，或将数据存储在指定的位置上。

3）硬盘外部结构

硬盘的外部结构比较简单，其正面一般记录了硬盘的相关信息，背面是集成主控芯片的 PCB 电路板，后侧则是硬盘的电源接口和数据接口。硬盘接口如图 2-22 所示。

硬盘正面贴有产品标签，主要包括厂家信息和产品信息，如商标、型号、序列号、生产日期、容量、参数和主从设置方法等。这些信息是正确使用硬盘的基本说明。硬盘标签如图 2-23 所示。

图 2-22　硬盘接口

图 2-23　硬盘标签

4）硬盘的接口

硬盘接口有 IDE 接口、SATA 接口、SCSI 接口。IDE 接口是早期的个人计算机硬盘接口；SATA 接口是当今主流的硬盘接口，在个人计算机领域中已经替代了 IDE 接口；SCSI 接口主要应用于服务器硬盘。

IDE（Integrated Drive Electronics，电子集成驱动器）是较早出现的硬盘接口类型。经过不断发展，IDE 的性能不断提高，并且拥有价格低廉、兼容性强的特点，由此成就了过去其无法替代的地位，而后发展出更多类型的硬盘接口，如 ATA、Ultra ATA、DMA、Ultra DMA 等接口都是在早期 IDE 接口的基础上升级得来的，目前 IDE 接口已经被淘汰。IDE 接口如图 2-24 所示。

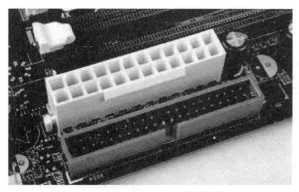

图 2-24　IDE 接口

SCSI（Small Computer System Interface，小型计算机系统接口）是同 IDE 完全不同的接口。IDE 接口是普通 PC 的标准接口，而 SCSI 不是专门为硬盘设计的接口，是一种广泛应用于小型机上的高速数据传输技术。SCSI 接口具有应用范围广、多任务、带宽大、CPU 占用率低及热插拔等优点，但高价格使它很难如 IDE 接口般普及，因此 SCSI 接口主要应用于中、高端服务器和专业工作站中。图 2-25 所示为 SCSI 接口。

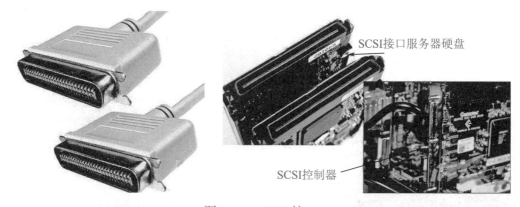

图 2-25　SCSI 接口

SATA（Serial ATA）目前是个人计算机硬盘常用的接口类型。SATA 采用串行连接方式，使用嵌入式时钟信号，具备更强的纠错能力。与以往的硬盘接口相比，其最大的特点是具有数据传输可靠、结构简单、支持热插拔等优点。

　　相对于并行 ATA 来说，SATA 具有非常多的优势。首先，SATA 以连续串行的方式传送数据，一次只会传送 1 位数据，这样能减少 SATA 接口的针脚数目，使连接电缆的数目变少，效率也会更高。实际上，SATA 仅用四支针脚就能完成所有的工作，分别用于连接电缆、连接地线、发送数据和接收数据，同时这样的架构还能降低系统能耗和系统复杂性。其次，SATA 的起点更高、发展潜力更大，如 SATA 1.0 定义的数据传输率可达 150Mbit/s，比并行 ATA（ATA/133）所能达到的 133Mbit/s 最高数据传输率还高，SATA 2.0 的数据传输率可达到 300Mbit/s，而 SATA 3.0 可实现 600Mbit/s 的最高数据传输率。图 2-26 所示为 SATA 接口及供电线缆。

图 2-26　SATA 接口及供电线缆

知识链接

1. 内存的主要性能指标

内存的相关指标很多，下面介绍几个常用的指标，供大家在实际应用的时候进行对比。

1）内存容量

内存容量是指该内存的存储容量，是内存最关键的性能指标。系统对内存的识别是以 Byte（字节）为单位，每个字节由 8 位二进制数组成。目前内存容量以 GB 为单位，可以简写为 G，内存容量一般都是 2 的整次方倍，如 4GB、8GB、16GB 等。

　　内存容量的大小直接影响计算机的执行速率，容量越大，存储的数据越多，CPU 读取数据块的容量越大，运行速率也越快。现今市场主流内存容量有单条和套装两种，单条内存有 16GB、8GB、4GB、2GB 容量规格，套装内存有 16GB×4、16GB×2、8GB×4、8GB×2、4GB×4、4GB×2、2GB×2 容量规格。

　　一台计算机内存的容量等于插在主板内存插槽上的所有内存条容量的总和。内存容量的上限一般由主板芯片组和内存插槽决定，不同主板芯片组可以支持的容量不同。比如，Inter 公司的 B360 系列芯片组最高支持 32GB 内存，多余的内存将无法识别。目前，多数芯片组可以支持 32GB 以上的内存。此外，主板内存插槽的数量也会对内存容量造成限制，如使用单条容量为 8GB 内存，主板由两个内存插槽，那么计算机最高使用内存只能是 16GB。因此，在选择内存时要考虑主板内存插槽数量，并且需要考虑将来是否有升级的余地。

2）内存主频

内存主频和 CPU 主频一样，习惯上被用来表示内存的速率，它代表着该内存所能达到的最高工作频率。内存主频越高，在一定程度上代表着内存所能达到的速率越高。内存主频决定着该内存最高能在什么样的频率正常工作。

目前，市场上按照内存主频进行分类，可将内存分为 4000MHz 及以上、3600MHz、3400MHz、3200MHz、3000MHz、2800MHz、2666MHz、2400MHz、2133MHz、1333MHz 以下等规格。

3）时序参数

（1）CAS Latency：列地址访问延迟时间，简称 CL，它表示到达输出缓存器的数据所需要的时钟循环数。对内存时序来说，这是最重要的一个参数，CL 值越小，内存读取速度越快。

（2）RAS to CAS Delay：行地址至列地址的延迟时间，简称 tRCD，表示在已经决定的列地址和已经发出的行地址之间的时钟循环数。以时钟周期数为单位，tRCD 值越小越好。

（3）RAS Precharge Time：行地址控制器预充电时间，简称 tRP，表示对回路预充电所需要的时钟循环数，以决定行地址。同样以时钟周期数为单位，tRP 值越小越好。

（4）RAS Active time：行动态时间，又称 tRAS，表示一个内存芯片上两个不同的行逐一寻址时所造成的延迟。以时钟周期数为单位，通常是最后也是最大的一个数字。

4）模块名称

内存模块上都要标注内存制造商，在使用一些测试软件时很容易看到相关信息。如果未显示，则说明该内存的 SPD 信息不完整或属于无名品牌。

5）内存电压

随着内存的升级，内存电压设计得越来越低。DDR 内存的工作电压为 2.5V，DDR2 内存的工作电压降到 1.8V，DDR3 内存的工作电压为 1.5V 或 1.35V，而 DDR4 内存的工作电压为 1.2V 和 1.0V。

2．硬盘的主要性能指标

（1）硬盘的容量。硬盘容量是硬盘重要的性能指标，是用以存储的数据容量，单位为 GB 或 TB。硬盘厂家通常按照 1GB=1000MB，1TB=1000GB 进行换算，但是硬盘安装后实际使用的容量比购买时标记的少，这是因为计算机是以 1GB=1024MB 来计算的。现在市场上主要的硬盘容量以 1TB、2TB、3TB、4TB 为主。在选购硬盘时还要注意硬盘的单碟容量和碟片数，在相同容量的情况下，单碟容量越大，硬盘越轻薄，持续数据传输速率也越高。

（2）硬盘的转速。硬盘中的盘片每分钟旋转的速率称为硬盘的转速，单位为 r/min。目前，SATA 接口硬盘的转速为 7200r/min，SAS 接口硬盘的转速主要为 10000r/min 和 15000r/min 两种。理论上说，转速越快，硬盘读取数据的速率也越高，但是速率的提高也会产生更大的噪声和更高的温度。

（3）硬盘的缓存存储器。硬盘缓存是指硬盘内部的高速存储器。目前，主流硬盘的缓存主要有 256MB、128MB、64MB、32MB。

（4）平均寻道时间。平均寻道时间是指磁头从得到指令至寻找到数据所在磁道的时间，它用于描述硬盘读取数据的能力，以毫秒（ms）为单位。作为完成一次传输的前提，磁头先要快速找到该数据所在的扇区，这一定位时间称为平均寻道时间（Average Seek Times）。这个时间越小越好，一般要选择平均寻道时间在 10ms 以下的产品。

✈ 拓展与提高

1. 服务器内存和笔记本内存

在内存市场上，除了台式计算机的内存，还有其他内存。

（1）服务器内存。服务器内存与普通台式计算机的内存在外观和结构上没有明显的区别，主要是在内存上引入了一些新的特有的技术，如 ECC（错误检查和纠正技术）、ChipKill、热插拔技术等，具有极高的稳定性和纠错性能。

（2）笔记本内存。因为笔记本式计算机整合性高，设计精密，所以它对内存的要求比较高。笔记本内存必须具有小巧的特点，需采用优质的元件和先进的工艺，拥有体积小、容量大、速率高、耗电低、散热好等特性。笔记本内存与台式机内存相比略宽，略短，价格稍高。笔记本内存如图 2-27 所示。

图 2-27　笔记本内存

2．固态硬盘

固态硬盘（Solid State Disk 或 Solid State Drive，SSD）又称固体硬盘或者固态电子盘，是由控制单元和固态存储单元（DRAM 或 Flash 芯片）组成的硬盘。固态硬盘的接口规范和定义、功能及使用方法与普通机械硬盘相同，因此固态硬盘的存储介质分为两种：一种是采用闪存（Flash 芯片）作为存储介质；另一种是采用 DRAM 作为存储介质。

与传统硬盘相比，固态硬盘具有低功耗、无噪声、抗振动、低热量的特点。这些特点不仅使数据能更加安全地得到保存，而且延长了靠电池供电设备的连续运转时间。但固态硬盘的缺点也很明显：成本高、容量低、写入寿命有限、数据损坏时不可恢复。

目前，固态硬盘不仅常常用来在笔记本式计算机中代替传统硬盘，而且常常在台式计算机中加装一块固态硬盘来存放操作系统，和传统的机械硬盘一起配合使用。

固态硬盘采用 MSATA 接口、SATA 3 接口、M.2 SATA 接口、M.2 PCIe 接口、PCI-E 接口等。固态硬盘接口如图 2-28 所示。

M.2 接口的固态硬盘有三种规格，分别是 22mm×42mm、22mm×60mm、22mm×80mm。

（a）mSATA 接口　　　　　　　　　　（b）M.2（NGFF）接口

图 2-28　固态硬盘接口

 实训操作

1．分析本机硬盘型号和主要性能指标，查阅资料学习硬盘外壳标签的含义。

2．查询目前市场最新的主流存储设备，写出设备品牌、主要性能指标。

任务4　深入认知显示设备及外设

学习内容

1．显示器和显卡。

2．机箱、电源和移动存储设备。

任务描述

学习显示器、显卡、机箱、电源、移动存储设备等外部设备。

任务准备

每组液晶显示器、显卡、机箱、电源、移动硬盘、U盘各1个,闪存卡若干。

任务学习

1. 了解显示器

目前,传统CRT显示器已经基本从市场上消失,一般用户选择显示器时都会选择LCD。

LCD又称液晶显示器。液晶是一种介于液态和固态之间的物质,它具有液体的流动性,同时能够像单晶体一样对射入的光线产生不同方向上的改变(扭曲、折射、散射)。液晶显示器就是根据液晶分子的这个特点设计出来的。

与传统的CRT显示器相比,LCD具有体积小、厚度薄、重量轻、耗能少、工作电压低、无辐射、廉价等特点。图2-29所示为LCD的正、反面。

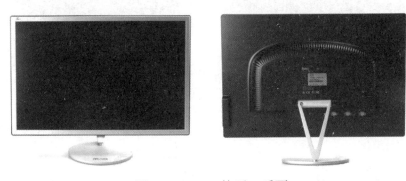

图 2-29 LCD 的正、反面

LCD按照背光源的不同,可以分为CCFL(冷阴极荧光灯管)显示器和LED(发光二极管)显示器。液晶本身并不发光,需要依靠另外的光源发亮。传统的液晶使用CCFL作为背光源,即紧凑型节能灯。后来,LCD采用LED作为背光源。

LED应用于智能手机后,技术飞速发展,从最初的LED演变成了现在的OLED、QLED、AMOLED。

OLED是有机发光二极管。作为有机显示屏,OLED并不需要背光源,通过电流驱动有机薄膜本身,就可以实现发光,所以在结构上更加轻薄,它具有自发光、结构简单、超轻薄、响应速率快、宽视角、低功耗及可实现柔性显示等特性,被誉为"梦幻显示器"。

QLED就是在原本OLED的基础上,加上了量子点强化膜,让色彩表现得更加艳丽。

AMOLED是一种变种OLED显示技术,也被称为有源矩阵有机发光二极管,这种技术通过有机物发光体，筛选成千上万个只能发出红、绿、蓝这三种颜色之中的一种光源，加以特定的形式安放在屏幕的基板上，然后通过施加电压，调节三原色的比例，就能发出各种颜色，进而显示图像。

目前，液晶显示器是市场主流。

2．认知显卡

显卡又称视频卡、视频适配器、图形卡、图形适配器和显示适配器等。它用于控制计算机的图形输出，负责将 CPU 送出的影像数据处理成显示器可识别的格式，再送至显示器形成图像。它是计算机主机与显示器之间连接的"桥梁"。随着家庭娱乐需求的深入，计算机处理高清图像、高清视频、三维场景动画、计算机游戏等需要有一块强劲的显卡支持，这使显卡的重要性越来越突出。显卡的外观如图 2-30 所示。

显卡主要由显示芯片（Graphic Processing Unit，图形处理芯片）、显存、数模转换器（RAMDAC）、VGA BIOS、接口等部分组成。去掉散热器后显卡的正面如图 2-31 所示。

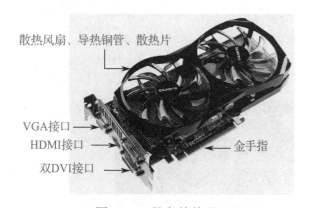

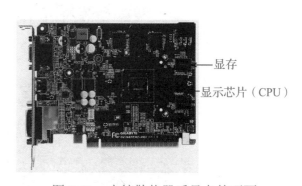

图 2-30　显卡的外观　　　　　　　　图 2-31　去掉散热器后显卡的正面

3．机箱

机箱主要为计算机内部的设备提供一个安装的空间和支架，避免它们遭受一些物理损伤，但最主要的作用是屏蔽电磁辐射，防止内部电磁辐射影响用户健康，防止外部电磁辐射对内部板卡电子元器件造成干扰。

根据机箱的结构，可分为 ATX、MATX、ITX、RTX 等。特别要指出的是，机箱结构是指机箱在设计和制造时所遵循的主板结构规范标准，机箱的架构与主板的规格密切相关，每种结构的机箱只能安装该规范所允许的主板类型。

AT 是多年前的机箱结构，现在已经被淘汰。ATX 是目前市场上最常见的机箱结构，如图 2-32 所示，它的扩展插槽和驱动器仓位较多，扩展槽数可多达 7 个，而驱动器仓位也分别达到 3 个或更多，大多数机箱都采用此结构。Micro ATX 又称 Mini ATX，是 ATX 结构的简化版，就是常说的"迷你机箱"，它的扩展插槽和驱动器仓位较少，扩展槽数通常在 4 个或更少，而驱动器仓位也分别只有 2 个或更少，多用于品牌机。

电源固定架

主板固定孔

扩展卡挡板

5.25英寸驱动器仓位

3.5英寸驱动器仓位

前面板接口

图 2-32　ATX 机箱

RTX 结构是在 ATX 结构基础上改进而来的，RTX 将电源下置设计和背部走线更好地配合，通过进一步优化调整机箱关键配件布局，RTX 可以理解为倒置 38 度设计。主板倒置后，CPU 位置与电源位置大幅度缩短，因此任何普通电源即可完成背部走线，普通消费者无须花费高昂价格即可享受背部走线带来的使用乐趣。RTX 机箱电源下置后，显卡位于 CPU 之上，机箱顶部的大型散热器将对显卡进行优先辅助散热，并且保证 CPU 温度不受影响，优化散热风道，水平风道散热更为优秀。图 2-33 所示为 RTX 机箱。

在机箱的规格中，最重要的是主板的定位孔。因为定位孔的位置和多少决定着机箱所能使用主板的类型。例如，ATX 机箱标准规格中，共有 17 个主板定位孔，而真正使用的只有 9 个。

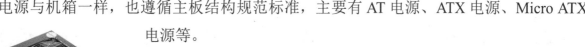

图 2-33　RTX 机箱

4．电源

计算机中的各部件都由很精密的集成电路组成，它们只能在稳定的直流电源下工作，电源质量的优劣直接关系到系统的稳定和硬件的使用寿命。电源是千万不能省钱的一部分，如果电源输出品质得不到保证，轻则计算机工作不稳定，重则损坏 CPU、主板、硬盘等配件。

电源与机箱一样，也遵循主板结构规范标准，主要有 AT 电源、ATX 电源、Micro ATX 电源等。

图 2-34　ATX 电源

目前，应用最为广泛的 PC 标准电源是 ATX 电源，如图 2-34 所示。它经历了 ATX 1.01、ATX 2.01、ATX 2.02、ATX 2.03 及 ATX 12V 多个版本的革新。最基本的 ATX 电源具备 ±5V、±12V 四路输出，额外增加 +3.3V 主板电源输出和 +5V StandBy（辅助 +5V）激活电流输出。此外，还有一个 PS-ON 信号给电源提供电平信号。通过辅助 +5V 和 PS-ON 可实现鼠标、键盘开机等功能。

5．移动存储设备

移动存储是一个正在蓬勃发展的计算机相关产业。移动存储设备包括移动硬盘、高速 U 盘（闪存）、MP3、MP4，以及各类数据卡（如手机、数码相机的 CF、SD 卡等）。移动存储设备与软盘相比，容量大，不怕潮湿；与硬盘相比，体积小，耗电小，不怕振动；与光盘相比，结构简单，可以反复读 / 写擦除。另外，它具有易携带、存储速率快、安全性高、即插即用等特点。经过多年的发展，移动存储设备不仅性能提高很快，而且价格下降幅度也很大，得到消费者的普遍认可和欢迎。

1）移动硬盘

市场上流行的移动硬盘采用的都是现有固定硬盘的最新技术，它们的设计原理是将固定硬盘的磁头在增加了防尘、抗震、更加精确稳定等技术后，集成在更为轻巧、便携且能够自由移动的驱动器上，将固定硬盘的盘芯通过精密技术加工后统一集成在盘片上。当把盘片放入驱动器时，就成为一个高可靠性的移动硬盘，如图 2-35 所示。

图 2-35　移动硬盘

目前市场上移动硬盘的容量分为 500G 以下、1TB、2TB、3TB、4TB、5TB 以上，价格也各不相同。

有一些厂商生产的移动硬盘直接采用了固定式桌面计算机硬盘或由笔记本式计算机硬盘改装而成，它们由于并非特别设计的产品，因此其体积较大、抗震性差，使用也不够安全。

2）闪存卡

闪存是一种新型的 EEPROM 内存（电可擦、可写、可编程只读内存），具有内存、可擦、可写、可编程的优点，还具有写入的数据在断电后不会丢失的优点，所以被广泛应用于数码相机、MP3 及移动存储设备。闪存卡（Flash Card）是利用闪存技术达到存储电子信息目的的存储器，一般在数码相机、MP3 等小型数码产品中作为存储介质，其样子小巧，犹如一张卡片，所以被称为闪存卡。闪存卡的种类很多，主要有 SD 卡、CF 卡、MMC 卡、XD 卡、SM 卡、SONY 记忆棒等。各类闪存卡如图 2-36 所示。

SD卡　　　　　CF卡　　　　　MMC卡　　　　　XD卡　　　　　SM卡　　　　SONY记忆棒

图 2-36　各类闪存卡

（1）SD（Secure Digital Memory Card）卡：它是一种基于半导体快闪记忆器的新一代记忆设备。SD 卡由日本松下公司、东芝公司及美国 SanDisk 公司于 1999 年 8 月共同开发研制。

大小犹如一张邮票的 SD 记忆卡，质量只有 2g，却拥有高记忆容量、快速数据传输率、极大的移动灵活性和很好的安全性。

（2）CF（Compact Flash）卡：它是 1994 年由 SanDisk 公司最先推出的。CF 卡具有 PCMCIA-ATA 功能，并与之兼容。它的质量只有 14g，仅为纸板火柴盒大小（43mm×36mm×3.3mm），是一种固态产品。

（3）MMC（Multi Media Card）卡：它由西门子公司和首推 CF 卡的 SanDisk 公司于 1997 年推出。MMC 卡的外形跟 SD 卡差不多，只是少了几根针脚。

（4）XD（XD-Picture Card）卡：它是由富士和奥林巴斯联合推出的专为数码相机设计的小型存储卡，采用单面 18 针接口，是目前体积最小的存储卡。XD 取自于"Extreme Digital"，是"极限数字"的意思。XD 卡是较为新型的闪存卡，相比于其他闪存卡，它拥有众多的优势特点——袖珍的外形尺寸（20mm×25mm×1.7mm），总体积只有 $0.85cm^3$，质量约为 2g，是目前世界上最为轻便、体积最小的数字闪存卡。

（5）SM（Smart Media）卡：它是由东芝公司在 1995 年 11 月发布的 Flash Memory 存储卡，三星公司在 1996 年购买了生产和销售许可，这两家公司成为主要的 SM 卡厂商。SM 卡的尺寸为 37mm×45mm×0.76mm。由于 SM 卡本身没有控制电路，而且由塑胶制成（被分成了许多薄片），因此 SM 卡的体积小，且非常轻薄。

（6）SONY 记忆棒：索尼一向独来独往的性格造就了记忆棒的诞生。这种口香糖型的存储设备几乎可以在所有的索尼影音产品上使用。记忆棒的外形轻巧，并拥有多元化的功能。它的极高兼容性和前所未有的"通用储存媒体"（Universal Media）概念，为未来高科技 PC、电视机、电话、数码照相机、摄像机和便携式个人视听器材提供了新一代更高速、更大容量的数字信息储存、交换媒体。

3）读卡器

随着数码产品的普及，每个家庭可能都有多个闪存卡。以前，手机、数码相机和数码摄像机与计算机连接读取闪存卡内的信息需要正确的连线，安装驱动程序，再运行相应的程序才能实现，而如今可用读卡器轻松实现。

读卡器一般分为 USB 接口型、PCMCIA 适配器型、IEEE 1394 高速接口型等，而以 USB 接口型居多。除了接口不同，可以读的卡也不尽相同，有的读卡器只能读一种卡，这样的产品适合只有一种数码存储卡并且对产品售价相对敏感的用户，还有一些可以同时支持很多种存储卡，如多合一读卡器，其兼容性高，用途较广。多合一读卡器如图 2-37 所示。

4）U 盘

U 盘即 USB 盘的简称。U 盘是闪存的一种，因而又被称为闪盘。它最大的特点就是体积小巧、便于携带、存储容量大、价格便宜。目前市场上在售 U 盘容量分为 128G 以上，64G、32G、16G 等。图 2-38 所示为 U 盘的外观。

图 2-37　多合一读卡器

图 2-38　U 盘的外观

 知识链接

1. LCD 的性能指标

LCD 的主要性能指标是屏幕尺寸、最佳分辨率、屏幕比例、高清标准、可视角度、亮度和对比度、响应时间等。

（1）屏幕尺寸。屏幕尺寸是指液晶显示器屏幕对角线的长度，单位为英寸。与 CRT 显示器不同的是，由于液晶显示器标称的屏幕尺寸就是实际屏幕显示的尺寸，所以 17 英寸的液晶显示器的可视面积接近 19 英寸的 CRT 纯平显示器，屏幕显示尺寸分为 29 英寸、27 英寸、22 英寸、20 英寸等。值得注意的是，在相同屏幕尺寸下，无论是 16 ∶ 9 还是 16 ∶ 10 的宽屏液晶显示器，其实际屏幕面积都要比普通的 4:3 液晶显示器要小。

（2）最佳分辨率。液晶显示器都有自己的最佳分辨率：17 英寸和 19 英寸的是 1280×1024；19 英寸宽屏的是 1440×900；20 英寸的是 1920×1050；15 英寸宽屏的是 1280×800；15 英寸普屏的是 1024×768。

（3）屏幕比例。屏幕比例是指屏幕画面纵向和横向的比例，屏幕宽高比可以用两个整数的比来表示，也可以用一个小数来表示，如 4 ∶ 3 或 1.33。普通计算机显示器及数据信号和普通电视信号的宽高比为 4 ∶ 3 或 1.33，电影及 DVD 和高清晰度电视的宽高比是 16 ∶ 9 或 1.78。当输入源图像的宽高比与显示设备支持的宽高比不一样时，就会有画面变形和缺失的情况出现。家用笔记本为了迎合家庭娱乐的需求，通常屏幕宽高比为 16 ∶ 9 或 16 ∶ 10。

（4）高清标准。市场上的 LCD 显示器从分辨率来分有 2K 显示器、4K 显示器、5K 显示器。一般 2K 显示器的主流规格是 2560 像素 ×1440 像素，4K 是 3840 像素 ×2160 像素，5K 则是 5120 像素 ×2160 像素和 5120 像素 ×2880 像素。

（5）可视角度。因为液晶分子的特性，LCD 只有在正面看到的图像画面是最清晰的，在侧面看到的图像的对比度和亮度就会下降。这样能够清晰地看到图像的角度范围就称为 LCD 的可视角度，这个数值越大越好。目前市场上的 LCD 显示器的可视角度一般都在 170°以上。

（6）亮度和对比度。LCD 的亮度以 cd/m^2 为单位，亮度值越高，画面越亮丽。对比度是直接体现 LCD 能否体现丰富色阶的性能指标，对比度越高，还原的画面层次感越好，即使在观看亮度很高的图像时，黑暗部位的细节也可以清晰体现。

（7）响应时间。响应时间反映了 LCD 各液晶分子对输入信号反应的速率，该值越小越好。如果响应时间不够，就会出现拖尾、重影等现象。

（8）显示接口。选购显示器时还要留意其接口是否丰富，尽可能选择接口多的型号，这对以后连接不同的设备有很大的帮助。目前 LCD 显示器的视频接口有 VGA 接口、HDMI 接口、DP 接口、DVI 接口、Thunderbolt 接口等。

2．显卡的主要性能指标

1）显卡芯片

显卡芯片即图形处理芯片。在整个显卡中，显卡芯片起着"大脑"的作用，它负责处理计算机发出的数据，并将最终结果显示在显示器上。一块显卡采用何种显示芯片大致决定该显卡的档次和基本性能。

市场上的显卡大多采用 NVIDIA 和 AMD 两家公司的图形处理芯片，NVIDIA 公司的 Logo 如图 2-39 所示。目前，市场主流的显卡芯片有 NVIDIA 公司的 RTX3090、RTX3080Ti、RTX3080、RTX3070、RTX3070Ti、GTX1660、GTX1660Ti、GTX1660 SUPER、GTX1650 等；AMD 公司的 RX6900 XT、RX6800 XT、RX6700 XT、RX6800 等。显卡芯片的命名代表着产品的系列及所面向市场的定位。

关于图形芯片的命名，以 NVIDIA 公司的图形芯片 GTX1660Ti 为例进行说明。"GTX"为中高端产品，而低端使用"GT"命名；前两个数字"16"代表产品系列，即 GeForce 1600 系列，第 3 个数字"6"则代表该系列产品的定位，一般 5 以下为面向低端入门级，6 以上主要面向高端游戏玩家。此外，还有一个产品细分，同型号带"Ti"后缀为更高一级显卡，如 GTX1660Ti 比 GTX1660 高级。GeForce 1600 系列产品的 Logo 如图 2-40 所示。

图 2-39　NVIDIA 公司的 Logo

图 2-40　GeForce 1600 系列产品的 Logo

2）显存

显存（GDDR），即显示缓存、显示内存，它是专为显卡而设置的内存。作为显示数据的缓冲区，它的优劣直接影响到显卡的整体性能。如图 2-41 所示为集成在显卡板卡上的显存颗粒。

目前市场上显卡的显存类型有 GDDR6X、GDDR6、GDDR5X、GDDR5、GDDR3 等，

显卡的显存容量有 24G、16G、12G、11G、10G 等。

图 2-41　集成在显卡板

上的显存颗粒

理论上讲，显卡的显存容量越大，显卡性能就越好。但显存容量的大小并不是显卡性能高低的决定因素，显存速率和显存位宽也影响着显卡的性能。

显存的速率以纳秒（ns）为计算单位，数字越小说明速率越高，单位时间内交换的数据量也就越大，在同等条件下，显卡性能将得到明显提升。

显存带宽是指一次可以读入的数据量，即显存与显卡芯片之间数据交换的速度。带宽越大，显存与显卡芯片之间的"通路"就越宽，数据"跑"得就越顺畅。

3．闪存卡的性能指标

（1）传输速率：一般按倍速来算，倍速越高速度越快。

（2）读速度和写速度：指对闪存的读操作和写操作，这个速度会根据闪存卡的控制芯片来决定是多少速的闪存卡，读速度和写速度都会不一样。

（3）控制芯片：确保提供高速的传输速率和优良的兼容性及安全性。

（4）电压：不同类型的闪存卡具有不同的规范，其能正常工作的电压是不同的。不过，不同的闪存卡接口也各不相同，不存在插错接口的可能。因此，不会出现因插错接口、工作电压不同而损坏闪存卡的情况。一般的工作电压：CF 卡为 3.3V/5V，SD 卡为 2.7 ~ 3.6V，SM 卡为 3.3V，MMC 卡为 1.8/3.3V。

 拓展与提高

1．多头显示技术

显卡除了可接多个显示器，还能连接电视机、DV 及家用录像机等设备。

一般而言，现在不少显卡具备了两个输出接口（D-Sub+、DVI 或者双 DVI），有的同时具备了一个 TV-OUT 或 HDMI 接口。用户可以根据显示器的接口类型进行连接。如果接口不符合就要用到转接头。

具体的操作步骤如下。

先将主显示器连接到第一个 D-Sub 接口上，再将辅显示器连接到第二个 D-Sub 接口上，如果第二个接口为 DVI-I 接口，就将 DVI-I 转 D-Sub 接头连接到显卡的 DVI-I 接口上，然后将辅显示器连接到转接头上即可。当然，主、辅显示器可以由用户自己选择。连接两个显示器的显示属性如图 2-42 所示。

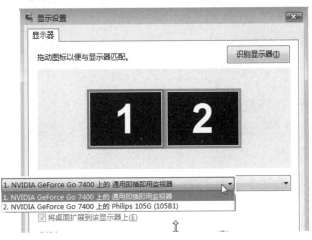

图 2-42   连接两个显示器的显示属性

连接好显示器后开机，在开机自检过程中，两个显示器都将会开启，并且显示同样的内容，进入操作系统后，其中一个显示器会自动关闭，这是因为操作系统中双屏显示功能默认是关闭的，其中保持开启的显示器是接在显示器的主（Primary）显示接口上的，关闭的显示器是接在从（Slave）显示接口上的。

此时需要安装显卡最新驱动才能设置双显示器输出参数，如 NVIDIA 显卡利用 ForceWare 驱动中的 nView 来实现双显示器功能，而 ATI 显卡则通过 HydraVision 技术来实现。以 ATI 显卡为例，进入系统后，在显示属性设置中可以看到两台显示器。"多显示器桌面模式"界面如图 2-43 所示。

不管是 AMD 显卡还是 NVIDIA 显卡，除了可以在两台显示器上显示同一画面，还能实现在同一台主机上，在两台显示器上显示不同的内容。以 AMD 显卡为例，选择"多显示器桌面模式"界面中的"水平伸展模式"选项，它是指两台显示器的显示内容是在水平方向上连接在一起的，这样，一人在主显示器上网，另一人在辅显示器看电影，实现一机两用。

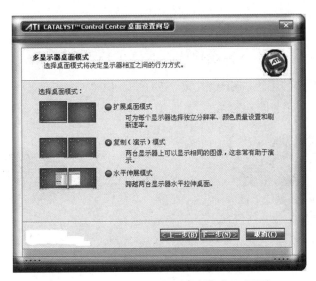

图 2-43   "多显示器桌面模式"界面

同样的方法，可通过显卡的 S-Video 视频输出接口连接 TV，通过 DVI 视频输出接口或 HDMI 接口连接液晶电视机。

除了同时接两个显示设备，显卡还能以三头、四头等显示模式工作。例如，AMD 公司在 DX11 RV870 显卡上启用了一种名为 Eyefinity 的多头显示技术，一块 RV870 GPU 配合卡上的 DisplayPort 接口，最多可实现 6 个显示器的同步显示，如果把这 6 个显示器拼在一起，就可以显示超大分辨率的画面。

超大分辨率多头显示技术并不只对游戏有利，对其他应用如谷歌地图、办公软件等也是很好的选择。不过，除一些专业的设计人员和游戏发烧友外，对于普通用户，这样的连接意义不大。

2．SLI 接口和交火技术

SLI 是由 NVIDIA 公司提出的开放式显卡串联规格，可使用两种同规格架构的显卡，通过显卡顶端的 SLI 接口，达到类似 CPU 架构中双处理器的规格效果。采用 SLI 双显卡技术，最高可提供比单一显卡至少多 180% 的性能提升。

交火（CrossFire）是 ATI 公司的一款多重 GPU 技术，可让多张显卡同时在一部计算机上并排使用，增加运算效能，可与 NVIDIA 的 SLI 技术一较高下。交火技术于 2005 年 6 月 1 日正式发布，比 SLI 技术迟一年。

Hybrid CrossFireX（混合交火）是对 Hybrid Graphics 混合图形技术的诠释。我们可以将支持 Hybrid CrossFireX 的独立显卡插上同样支持 Hybrid CrossFireX 的整合主板组建一个 Hybrid CrossFireX 系统，当需要进行高负荷的运算时，独立显卡和集成显卡将会同时工作以达到最佳的显示性能，而当运算需求降低时，则可以仅使用集成显卡，再加上 AMD 的 Cool'n'Quite 技术，使整个平台的功耗降到最低，这满足了人们对能源合理利用的要求。

当然，如果主板支持，还可以安装三卡或四卡 SLI 和交火，但对一些应用来说，这样的配置只是浪费，因为软件（主要是游戏软件）的要求还没有这么高。如果不是只为追求性能的极限，没有必要这么组装机器。SLI 和交火如图 2-44 所示。

（a）SLI

（b）交火

图 2-44　SLI 和交火

3. 液晶面板介绍

液晶面板可谓液晶显示设备的灵魂所在，其优劣直接决定了液晶显示设备的好坏。目前市场上主流的液晶显示器面板有 TN、VA 和 IPS 三种，人们所讨论的宽屏和普屏都逃不开这 3 种面板，只不过是切割面板时的切割面积不同而已。下面就来简单介绍这 3 种液晶显示器面板。

1）TN 面板

TN（Twisted Nematic，扭曲向列型）面板的生产成本低廉，因此 TN 面板是应用最广泛的入门级液晶面板，在中低端 LCD 中被广泛使用。TN 面板如图 2-45 所示。作为 6bit 的面板，TN 面板只能显示红 / 绿 / 蓝各 64 色，最大实际色彩仅有 262144 种，通过抖动技术可以使其获得超过 1600 万种色彩的表现能力，因为它只能够显示 0 ～ 252 灰阶的三原色，所以最后得到的色彩显示数信息是 16.2M 色，而不是通常所说的真彩色 16.7M 色。此外，TN 面板提高对比度的难度较大，这直接暴露出来的问题就是色彩单薄，还原能力差，过渡不自然。

图 2-45　TN 面板

TN 面板的优点是由于输出灰阶级数较少，液晶分子偏转速率高，所以响应时间容易提高。另外，三星公司还开发出一种 B-TN（Best-TN）面板，它其实是 TN 面板的一种改良型，主要是为了解决 TN 面板高速响应必须牺牲画质的问题。此外，B-TN 面板的对比度可达 700 ∶ 1，已经相当接近 MVA 或者早期 PVA 面板了。

2）VA 面板

VA 面板是现在高端液晶应用较多的面板类型。和 TN 面板相比，8bit 的 VA 面板可以提供 16.7M 色彩和大可视角度，但是价格也相对 TN 面板要昂贵一些。VA 面板又可分为由富士通公司主导开发的 MVA 面板和由三星公司开发的 PVA 面板，后者和前者的关系为继承和改良。

MVA（Multi-domain Vertical Alignment，多象限垂直配向）面板可以说是最早出现的广视角液晶面板技术。该类面板可以提供更大的可视角度，通常可达到 170°，改良后的 MVA 面板可视角度可达接近水平的 178°，并且响应时间在 20ms 以内。通过技术授权，我国台湾的奇美电子、友达光电等面板企业均采用了这项面板技术，所以市面上有不少采用 16.7M 色彩 MVA 面板的大屏幕液晶。

由三星公司主导开发的 PVA 面板是富士通公司 MVA 面板技术的继承和发展，它可以获得优于 MVA 面板的亮度输出和对比度。

3）IPS 面板

IPS（In-Plane Switching，平面转换）面板技术是日立公司于 2001 年推出的面板技术，又称 Super TFT。IPS 阵营以日立公司为首，聚拢了 LG、飞利浦、瀚宇彩晶、IDTech（奇美电子与日本 IBM 的合资公司）等一批厂商。在各方面性能上，IPS 面板响应速率高、运动画面出色、画质稳定、安全性高、可视角度大、成本较低。IPS 面板最大的特点就是其两极都在同一个面上，而其他液晶模式的电极是在上、下两面，立体排列。由于电极在同一平面上，不管在何种状态下液晶分子始终与屏幕平行，会使开口率降低，减少透光率，所以 IPS 面板应用在 LCD TV 上需要更多的背光灯，在一定程度上，耗电量要大些。此外，还有一种 S-IPS 面板，它是 IPS 面板的改良型。

和其他类型的面板相比，IPS 面板的屏幕较"硬"，用手轻轻划一下不容易出现水纹样变形，因此 IPS 面板又有硬屏之称。仔细观察屏幕，如果看到的是方向朝左的鱼鳞状像素，再加上硬屏，就可以确定是 IPS 面板了。

面对这 3 种面板应该如何选择呢？其实，对一般消费者来说，TN 面板及 VA 类面板或者 IPS 面板的色彩差别很难察觉。所以，作为日常应用，TN 面板的性能表现已经足够了，而对色彩和可视角度有更高需求的用户，不妨选择 VA 面板或者 IPS 面板。

4．电源主流品质认证标志

电源上除了常见的产品信息，还有一个比较重要的标志，它就是各种品质认证的标志，通过这些标志可以认为这款电源在某些方面已经得到了认可，可以放心使用。一般常见的品质认证标志除了 3C 强制认证，还有 CE、80 Plus、RoHS 等。先来介绍一下比较常见并且关注度较高的 80 Plus 认证，其认证标志如图 2-46 所示。

80 Plus 属于新兴的认证规范，是为加速节能科技的发展而制定的标准，是电源转换效率较高的一个标志。它的认证要求是通过整合系统内部电源，使电源在 20%、50% 及 100% 等负载点下达到 80% 以上的电源使用效率。目前，市面上大部分电源的转换效率仅仅在 70% ～ 75%，能够获得 80 Plus 认证的电源暂时不是很多，而且这些电源全部都是相当高端的产品。但是随着电源技术的发展，有越来越多的电源通过了 80 Plus 认证，相信未来还有更多的产品通过该认证。

中国节能认证标志如图 2-47 所示。中国节能认证是由中国节能产品认证中心颁发的，在电源产品节能性能方面有一定的反映。随着节能环保的概念越来越受到用户的关注，通过该认证的产品同样会受到用户的青睐。

图 2-46　80 Plus 认证标志

图 2-47　中国节能认证标志

RoHS 是由欧盟立法制定的一项强制性标准，它的全称是《关于限制在电子电气设备中使用某些有害成分的指令》(Restriction of Hazardous Substances)。该标准已于 2006 年 7 月 1 日开始正式实施，主要用于规范电子电气产品的材料及工艺标准，使之更加有利于人体健康及环境保护。该标准的目的在于消除电器电子产品中的铅、汞、镉、六价铬、多溴联苯和多溴二苯醚 6 项物质，并重点规定了镉的含量不能超过 0.01%。RoHS 认证标志如图 2-48 所示。

3C 认证标志是最常见的一个标志，如图 2-49 所示。3C 认证普遍存在于我们所购买的电子产品上。3C 认证就是中国强制性产品认证，英文名称为 China Compulsory Certification，英文缩写为 CCC，它是中国政府为保护消费者人身安全和国家安全、加强产品质量管理、依照法律法规实施的一种产品合格评定制度。需要注意的是，3C 认证标志并不是质量标志，而是一种最基础的安全认证标志。

图 2-48　RoHS 认证标志　　　　　　　　图 2-49　3C 认证标志

虽然各种认证标志对我们选购电源产品有一定的指导作用，但是必须提醒大家的是，各种认证标志只能作为一种参考，特别是安全规格认证标志。不同的国家和地区都会有相应的安全规格标准，各个厂家会根据自己产品的销售区域、产品定位等有选择地进行安全规格认证。因此，没有获得某个特定的认证并不是指这个产品在规格上没有达到标准。因此，消费者需要根据自己的实际情况选择电源，不必过分拘泥于产品的认证标志。

实训操作

1. 观察 LCD 背面的铭牌，并指出各参数的含义。

2. 观察电源表面铭牌，并指出各参数的含义。

3. 认真识别各类闪存卡。

习 题

1．填空题

（1）目前占据市场销售主流的 CPU 生产厂商只有两家，一家是 _____ 公司，一家是 _____ 公司。

（2）主频是指 _____ 的工作频率。

（3）内存的主要性能指标有 _____、_____、_____ 等。

（4）当前使用的硬盘都属于 _____ 类型的硬盘。

（5）显卡主要由显示芯片（Graphic Processing Unit，图形处理芯片）、_____、数模转换器（RAMDAC）、VGA BIOS、接口等组成。

（6）为了与 NVIDIA 公司的 SLI 技术竞争，AMD 公司有 _____ 技术。

2．单项选择题

（1）下列关于主频的说法，正确的是（　　）。

  A．主频是指 CPU 的时钟频率　　　B．主频是指交流电源的频率

  C．主频是指主板的工作频率　　　D．主频是指内存的存取频率

（2）主板的中心任务是（　　）。

  A．存储数据

  B．使 CPU 与外部设备之间能协调工作

  C．控制整机工作

  D．运算和处理数据并实现数据传送

（3）（　　）不是主板生产商的厂家。

  A．华硕　　　　B．微星　　　　C．金士顿　　　　D．技嘉

（4）与台式计算机的内存相比，不是笔记本式计算机的内存的优点有（　　）。

  A．体积小　　　B．稳定性好　　　C．散热好　　　　D．价格便宜

（5）（　　）接口硬盘多用于服务器和专业工作站。

  A．SCSI　　　　B．IDE　　　　C．SATA　　　　D．SATA Ⅲ

（6）下列外部存储器中，读取速率最高的是（　　）。

  A．软盘片　　　B．硬盘　　　　C．光盘　　　　D．磁盘

（7）下列不属于闪存卡的是（　　）。

  A．SD 卡　　　B．微硬盘　　　C．CF 卡　　　　D．记忆棒

（8）市场上最常见的机箱结构是（　　）。

  A．ATX   B．TX   C．BTX   D．Micro ATX

3．翻译下列计算机缩略词

  LCD   GDDR   PCI   SCSI

4．问答题

（1）内存的工作特点是什么？

（2）常见的硬盘接口有哪些？

（3）显卡的多头显示技术有哪些具体的应用？

（4）说明 LCD 的主要性能指标。

（5）芯片是计算机系统重要的部件，请查阅并了解中国十大芯片生产企业。

组装计算机硬件

一台完整的计算机是由各种计算机配件组装起来的。本项目将完成计算机硬件组装，并了解组装过程中需要注意的事项。

知识目标

熟知组装计算机前的准备工作；熟悉并掌握计算机硬件组装的技巧。

能力目标

进一步熟悉计算机各部件的特性；完成 CPU 及散热器的安装；完成内存和主板的安装；完成硬盘、显示卡、电源等计算机各个硬件的安装；能够正确连接机箱面板信号线；锻炼动手能力，掌握组装计算机的技能；展开自主学习和小组合作学习，锻炼合作、交流和协商能力。

岗位目标

熟练掌握计算机各个硬件的安装技巧，从而胜任计算机装配技术员的工作。

任务 1 硬件组装前的准备

学习内容

1. 组装计算机常用工具的使用。
2. 组装计算机安全操作规范。
3. 计算机硬件的组装流程。

任务描述

认识组装计算机的常用工具，并学会使用工具，掌握整机组装的一般流程，为以后学习计算机各种配件安装等任务打下良好的基础。

任务准备

常用组装计算机工具 1 套。

任务学习

1. 常用工具准备

组装计算机所需的常用工具主要有十字螺钉旋具、平口螺钉旋具、镊子、尖嘴钳、空杯盖，如图 3-1 所示。

图 3-1 组装计算机常用工具

（1）十字螺钉旋具。计算机内部的各种部件通常是使用标准的十字螺钉固定的，一般来说，一把十字螺钉旋具就够用了。特别强调的是，螺钉旋具最好要有磁性，因为所使用的螺钉都比较小，安装时易脱落。另外，机箱内的空间狭小，使用带磁性的螺钉旋具，既可以防止拧螺钉时螺钉脱落，又可以帮助寻找掉落到机箱内的螺钉。

（2）平口螺钉旋具。平口螺钉旋具用于安装一字形螺钉，最好选用带磁性的。

（3）镊子。镊子主要用来设置主板和板卡上的各种跳线和 DIP 开关。

（4）尖嘴钳。尖嘴钳可用于处理变形的挡片和帮助坚固部件等。

（5）空杯盖。空杯盖用于存放螺钉等小部件。

2．配件准备

在准备组装计算机前，还需要准备好所需要的配件，如主板、CPU、内存和硬盘等，最好将这些配件依次放置在工作台上，以方便取用，这样就不会因为随意放置配件出现跌落、损坏等情况。

> 硬件买回来后，每种东西都有自己的包装袋，包装袋中装有安装该种零件所需的螺钉及数据线等，不要将每种零件都从包装袋中取出，以免造成混乱。

3．硬件组装的安全操作规范

计算机硬件本身是高科技电子装置，其部件大多数是电子产品，稍有不慎，极易损坏或烧毁。此外，大多数部件的机械强度较小，操作不当也极易损伤。因此，在安装硬件或裸机检修时，必须严格遵守一系列操作规范。下面简单介绍一下安全操作规范。

（1）在安装前，先消除身上的静电，防止人体所带静电对电子器件造成损伤。有条件的可戴防静电手套，没防静电手套的可用手触摸水管等金属物体。

（2）操作前应清理操作台，要求零部件放置台平整、不导电、不潮湿、视线清楚。主机板不要裸露放置在金属平面上。

（3）放置电路板、内存等时，可先在它们上面铺垫一层硬纸板（如部件包装盒）、报纸或纯棉布，千万不能用化纤布或塑料布，防止产生静电损坏部件。

（4）不能带电进行任何连接、插拔操作；不能带电进行任何跳线操作。

（5）安装、拆卸时不要用力过猛。在连接部件的线缆时，一定要注意插头、插座的方向，避免出错；插接的插头一定要完全插入插座，以保证接触可靠。不要抓住线缆拔插头，以免损伤线缆。

（6）主机板必须与机箱金属绝缘。在主机板装入机箱后，如果有部分线路或金属触点与机箱金属外壳接触，将导致系统不能正常工作。因此，主机板上除固定螺孔外的其他部分必须与机箱金属部分绝缘。

（7）上电之前必须仔细检查各部分的连接是否正确。电源连接错误，必定造成部件损坏，而这种损坏在上电之前是不可能发生的。与电源无关的连接错误虽不至于损坏部件，但同样会引起故障。因此，上电之前应仔细检查各部件的装配情况，并且重点检查各种电源线的连接是否正确。

（8）上电后或调试过程中，一旦发现异常现象，如异常响声、异常闪烁、焦味等，均应立即断电，避免造成更大的损失。

4．计算机整机组装的流程

由于计算机配件的型号和规格繁多，结构形式相差较大，因此不同结构的硬件安装方法有一定的差别。但一般来讲，大多数计算机都可按以下流程进行安装硬件。

（1）做好准备工作，备妥工具及配件，消除身上的静电。

（2）在主板上安装 CPU、CPU 散热器和内存。

（3）在主机箱中固定已装上 CPU、CPU 散热器和内存的主板。

（4）在主机箱上装好电源。

（5）连接主板上的电源及 CPU 风扇电源线。

（6）安装硬盘、光驱驱动器。

（7）安装其他板卡，如显卡、声卡、网卡等。

（8）连接机箱面板上的开关、指示灯等信号线。

（9）连接各部件的电源插头和数据线到主板上，并整理好连接线。

（10）安装键盘、鼠标等设备，并连接显示器。

（11）开机前最后检查机箱内部，看是否有遗落的螺钉、各种板卡等，以及连接线的整理是否到位。

（12）连接主机电源，通电开机检查、测试。

知识链接

组装计算机还会用到以下工具。

1．万用表

万用表用来检测计算机配件的电阻、电压和电流是否正常，以及检测电路是否有问题。万用表分为数字式万用表和指针式万用表两种。数字式万用表使用方便、测试结果全面直观、读取速率高，指针式万用表测量的精度高于数字式万用表，但它使用起来不如数字式万用表方便。指针式和数字式万用表如图 3-2 所示。

2．清洁剂

清洁剂主要用于处理接触不良或灰尘过多的情况。通过清洗可提高元件接触的灵敏性，能够解决因灰尘积累过多而影响散热所产生的故障。

3．吹气球、软毛刷和硬毛刷

图 3-2 指针式和数字式万用表

吹气球、软毛刷和硬毛刷用于在维修计算机的过程中清除机箱内的灰尘，以解决因灰尘过多影响散热所产生的故障，如图 3-3 所示。

 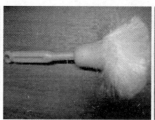 

图 3-3　吹气球、软毛刷和硬毛刷

 实训操作

1．掌握组装计算机时的常用工具的使用方法。

2．触摸地线或触摸楼房管道来释放静电。

3．熟悉计算机硬件组装的一般流程。

任务2　安装计算机 CPU 及散热器

学习内容

1．安装 CPU。

2．安装 CPU 散热器。

任务描述

掌握正确安装 CPU 及其散热器的方法。

任务准备

Intel CPU 和 AMD CPU 及相配套的主板和配 CPU 散热器若干套，导热硅脂，安装工具若干套。

操作步骤

1．AMD CPU 及 CPU 散热器的安装

AMD CPU 大都采用 Socket 插槽，它是方形多针脚零插拔力插座，插座上有一根拉杆，在安装和更换 CPU 时只要将拉杆向上拉出，就可以轻易地插进或取出 CPU 芯片。安装 AMD CPU 及 CPU 散热器的具体操作步骤如下。

（1）将主板平放在工作台上，找到正方形的 CPU 插槽，将 CPU 插座的拉杆向上拉出（需将拉杆推至 90°），如图 3-4 所示。

（2）仔细观察这个正方形的 4 个角，其中一个角会缺一针或有一个三角形的标记。取出 CPU，把英文摆正，会看到正面的左下角有一个金色的三角形标记，主板上的三角形标记与这个三角形对应，如图 3-5 所示。

图 3-4 将拉杆向上拉出

图 3-5 对准三角形标记

（3）将 CPU 上的金色三角形标记对准 CPU 插座的三角形标记后，垂直缓慢地插入，并确认 CPU 完全插入了 CPU 插座，CPU 针脚无弯曲，如图 3-6 所示。

（4）待 CPU 完全插入 CPU 插座后，将 CPU 插座的拉杆压下，使 CPU 和插座紧密接触，如图 3-7 所示。

图 3-6 确认安装无误

图 3-7 压下拉杆锁定 CPU

（5）取出散热器，AMD 散热器的正面如图 3-8 所示，反过来，并确认是否有硅脂，若没有，要涂上一层薄薄的硅脂，它状似一块胶质薄片，即图 3-9 所示的中心银色薄片。

图 3-8 AMD 散热器的正面

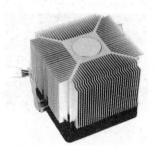

图 3-9 AMD 散热器的反面

（6）将 CPU 散热器的扣具卡扣在 CPU 的插座上面，并观察散热片是否与 CPU 接触良好，防止散热效果不良，如图 3-10 所示。

（7）最后将固定扣具的拨杆拨向另一边，散热器就会牢牢地固定在底座上，并可试着轻轻摇动散热器，确认是否牢固，如图 3-11 所示。

图 3-10　将扣具卡扣在插座上

图 3-11　固定散热器

2. Intel CPU 及 CPU 散热器的安装

LGA 1155 插槽如图 3-12 所示。安装 LGA 1155 插槽的 Intel 酷睿处理器的具体步骤如下。

（1）打开 LGA 1155 插槽，插槽旁有一个金属固定杆，将其向下再往外以松开固定卡舌，使固定柄脱开，如图 3-13 所示。

图 3-12　LGA 1155 插槽

图 3-13　打开 LGA 1155 插槽

（2）转动固定柄到 135° 的完全打开位置，如图 3-14 所示，打开并转动承载板（固定框）如图 3-15 所示。

图 3-14　转动固定柄

图 3-15　打开承载板

需要注意的是，在安装 LGA 1155 CPU 的过程中，任何时候都不要接触 Socket 插座上灵敏的触点和 LGA 处理器上灵敏的触点。

（3）取下 CPU 的保护盖（当处理器未插入插座中，保护盖要始终盖住 CPU），用拇指和食指拿住处理器（插座有切口可容纳手指）。小心地将处理器放入插座体中，如图 3-16 所示。CPU 的防错凹槽要与主板插槽的防错凸点相对应。安放 CPU 的动作要保持完全垂直（将处理器倾斜或移动放入插座中可能损坏插座上灵敏的触点）。

（4）确认 CPU 已经放好后，盖上承载板，一边轻压承载板，一边定位固定柄。将承载板卡入固定柄的固定卡舌之下，固定住固定柄，如图 3-17 所示。

图 3-16　安装 LGA 1155 CPU

图 3-17　固定住固定柄

（5）取出 Intel 原装散热器，反过来，并确认是否有硅胶膏。Intel 原装散热器的正面如图 3-18 所示。Intel 原装散热器的反面如图 3-19 所示。

图 3-18　Intel 原装散热器的正面

图 3-19　Intel 原装散热器的反面

（6）将散热器四角的扣具向箭头相反方向旋转，使扣具上方的凹槽全部朝向散热器风扇的圆心方向，如图 3-20 所示。拆卸时，沿箭头方向旋转扣具。

（7）将散热器的 4 个扣具对准主板 CPU 插槽四周的孔座，然后轻放即可，如图 3-21 所示。

图 3-20　旋转扣具至正确位置

图 3-21　安放散热器

（8）用力按下散热器的 4 个扣具，使其插入主板的孔座内，并确认 4 个扣具是否牢固扣上，如图 3-22 所示。

（9）固定好散热器后，我们还要将散热器连接到主板的供电接口上。找到主板上安装风扇的接口（主板上的标志字符为 CPU_FAN），将风扇插头插入即可，如图 3-23 所示。

图 3-22　固定散热器

图 3-23　连接散热器的电源

有几种不同的散热器电源接口，在安装时注意一下即可。由于主板的散热器电源插头都采用了防呆式的设计，反方向无法插入，因此安装起来相当方便。

知识链接

1. 常见的 CPU 散热器

CPU 在工作时会产生大量的热量，如果不将这些热量及时散发出去，轻则死机，重则可能将 CPU 烧毁。CPU 散热器就是给 CPU 散热的，它对 CPU 的稳定运行起着决定性的作用。组装计算机时，选购一款好的散热器非常重要。较为常见的 CPU 散热器根据其散热方式可分为风冷散热器、热管散热器和水冷散热器 3 种。

（1）风冷散热器。风冷散热器是现在最常见的散热器类型，包括一个散热片和一个风扇，其原理是将 CPU 产生的热量传递到散热片上，然后通过风扇将热量带走。

（2）热管散热器。热管散热器是一种具有极高导热性能的传热元件，如图 3-24 所示。它通过在全封闭真空管内的液体的蒸发与凝结来传递热量。为提高散热性能，兼具热管和风冷的优点，该类散热器大多数为"热管＋风冷"。图 3-25 所示为"热管＋风冷"散热器。

图 3-24　热管散热器

图 3-25　"热管＋风冷"散热器

（3）水冷散热器。水冷散热器是使液体在泵的带动下强制循环带走散热器的热量。与风冷散热器相比，水冷散热器具有安静、降温稳定、对环境依赖小等优点。水冷散热器如图 3-26 所示。

2．CPU 超频

CPU 超频主要分为软件超频和硬件超频两类。

（1）软件超频方法很方便，只需在计算机开机后进入主板 BIOS 设置，选择其中有关 CPU 设置的一项，调整关于 CPU 的外频和倍频的参数就可以对其进行超频。如果超频过高，CPU 将无法工作，这时只要对主板的 CMOS 进行放电处理就可恢复原来的工作频率。

图 3-26　水冷散热器

（2）硬件超频是指利用主板上的跳线,强迫 CPU 在更高的频率下工作来达到超频的目的。如果在利用硬件超频后，计算机无法开机（也许能开机，但显示器无法接收到信号）或者无法通过 BIOS 自检,这时若要回到原来的工作频率,将主板上的跳线重新插回原来的位置即可。

CPU 超频也就意味着 CPU 功耗增加，CPU 工作温度上升，这时选择一个合适的 CPU 散热器就显得尤为重要了。

实训操作

1．任找一种类型的主板和 CPU，查看两者是否相互支持。若相互支持则进行安装；若不支持，请说明原因。

2．进行 CPU 散热器的安装或更换。

任务 3　安装计算机内存及主板

学习内容

1．安装内存。

2．将主板安装到机箱中。

任务描述

掌握正确安装计算机内存及主板的方法和步骤。

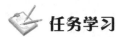 任务准备

机箱、主板、内存若干套，装机工具若干套。

任务学习

1. 安装计算机内存

（1）将内存插槽两边的锁扣拉起来，轻轻将内存放于内存插槽中，确认内存凹槽点与主板内存插槽的位置相对应，均匀用力向下压，如图 3-27 所示。

（2）内存上的金手指完全插入内存插槽后，会听到"咔"的一声，这时内存插槽两边的锁扣自动地紧扣住内存，安装完成后如图 3-28 所示。

若要取出内存，用两手拇指同时向外扳卡子，即可将内存取出。

注 意

一般来说，如果只安装一个内存，应安放在靠近 CPU 的第一个内存插槽 DIMM1 上；如果安装多个内存，则按 DIMM1、DIMM2、DIMM3 的顺序安放。将内存安装到哪个内存插槽，主板说明书上大多有相应说明，如果出现认不出内存条的情况，最好参照主板说明进行安装。

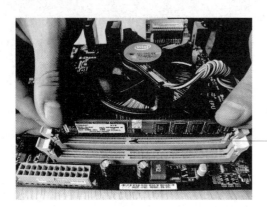
对准插槽位置

图 3-27 对准插槽位置

图 3-28 完成安装

2. 安装计算机主板

主板的安装过程相对比较简单，现以 ATX 主板为例，安装的具体操作如下。

（1）将机箱卧倒，根据主板上螺钉孔的位置将机箱上对应的金属螺钉（也可用塑料卡钉）安装好，如图 3-29 所示。

（2）将主板放置到机箱内，如图 3-30 所示。需要注意的是，主板的键盘口、鼠标口、串并口和 USB 接口与机箱背面挡片的孔要对齐，主板要与底板平行，绝不能搭在一起，否则容易造成短路。

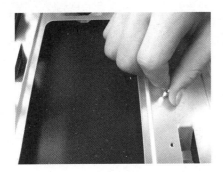

图 3-29　安装机箱托板上的金属螺钉

图 3-30　将主板放置到机箱内

（3）把所有的螺钉对准主板的固定孔，依次把每个螺钉安装好（最好加垫圈），先不要完全拧紧，待所有螺钉都安装好后再拧紧，这样做的好处是便于调整主板输出接口的位置，而且可以防止主板在水平方向发生扭曲。螺钉也不要拧得太紧，因为主板在通电后会产生热胀冷缩现象，如果拧得太紧，主板就容易发生扭曲变形，时间一长，主板上的电路就会断裂，造成主板报废。紧固主板螺钉如图 3-31 所示。

图 3-31　紧固主板螺钉

注 意

安装主板前应先确认主板与机箱之间没有异物，如金属螺钉等，避免造成主板短路；主板各部分支撑要均匀，不要有大面积悬空现象，尤其在安装板卡的接口附近，因为这里经常进行硬件插拔，若没有着力点，就有可能造成主板弯折，甚至断裂。

拓展与提高

1. 双通道内存

双通道内存就是在北桥芯片级里设计两个内存控制器，这两个内存控制器可相互独立工作，每个内存控制器控制一个内存通道。在这两个内存通道中，CPU 可分别寻址、读取数据，从而使内存的带宽增加 1 倍，数据存取速率也相应增加 1 倍（理论上）。因为双通道体系的两个内存控制器是独立的、具备互补性的智能内存控制器，所以双通道能实现彼此间零等待时间。两个内存控制器的这种互补"天性"可让有效等待时间缩减 50%，从而使内存的带宽翻倍。图 3-32 所示为双通道内存插槽，内存必须安装在同色插槽上才能启动双通道工作模式。

2．双通道内存的安装

对于要实现双通道功能的主板而言，在安装内存时也有讲究。多数支持双通道内存的主板一般都有 4 个内存插槽。为了让使用者方便辨认双通道，厂家一般会对不同的内存组以不同的颜色插槽区分。例如，某主板上蓝色的 DIMM1 与 DIMM2，代表的是同一个通道 A；白色的 DIMM3 与 DIMM4 则代表的是另一个通道 B，但有时也有例外，所以安装双通道内存时，一定要参照主板说明书进行安装。如图 3-33 所示，将两个规格相同的内存插入同色内存插槽中。

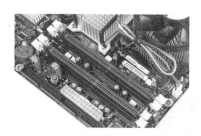

图 3-32　双通道内存插槽　　　　图 3-33　将两个规格相同的内存插入同色内存插槽中

当主板安装好双通道内存，并确保 BIOS 设置中把双通道模式（DDR Dual Channel Function）设为"Enable"，计算机重启后，开机自检画面会提示双通道模式已经成功打开，如出现类似"Dual Channel Mode Enabled"（激活双通道模式）这样的字样，就代表主板的双通道模式已经打开。

实训操作

1．任找一种类型的主板和内存，观察两者是否相互支持。若相互支持则进行内存安装及拆卸；若不支持，请说明原因。

2．根据所学的主板安装过程，将主板安装到机箱中。

任务4　安装显卡及硬盘

学习内容

1．安装显卡。

2．安装硬盘。

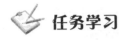 **任务描述**

了解显卡及硬盘在机箱中的安装位置，掌握正确安装显卡及硬盘的方法和注意事项。

任务准备

显卡、硬盘及其数据线若干套，已安装了主板的机箱若干套。

任务学习

1．安装显卡

显卡的安装比较简单，具体操作步骤如下。

（1）在主板中找到显卡插槽（PCI-E16X 插槽），向外扳开显卡插槽上的固定卡扣。图 3-34 所示为显卡插槽。

（2）将显卡与插槽对准，大拇指置于显卡的前后两端施力，将显卡完全插入插槽中并将固定卡扣复原，以固定显卡（有些没有固定卡扣，直接插入即可），如图 3-35 所示。接着，在后挡装上螺钉将显卡紧固。

图 3-34　显卡插槽

图 3-35　插入显卡并固定

2．安装硬盘

（1）在主机箱硬盘装置槽区域内，确定一个安装位置。因为硬盘运行时产生的热量大，尽可能将硬盘装在有足够空间散热的位置上。

（2）将硬盘放入硬盘装置槽内，注意硬盘正面朝上，含有控制电路板的一面朝下，数据、电源连接端口朝外，如图 3-36 所示。

（3）用螺钉固定硬盘，如图 3-37 所示。

（4）连接数据线，一端接硬盘，另一端接主板，如图 3-38 所示。

（5）连接电源线，如图 3-39 所示。

图 3-36　放置硬盘

图 3-37　固定硬盘

图 3-38　连接数据线

图 3-39　连接电源线

 实训操作

分组操作进行显卡和硬盘的安装。

任务5　安装电源及连接机箱面板信号线

学习内容

1．安装电源并接线。

2．识别主板上的面板信号线针座。

3．连接主板上的机箱面板信号连线。

任务描述

掌握在机箱内安装电源并接线的方法；认识主板上的面板信号线针座，了解各针座的定义，掌握连接主板上的机箱面板信号线的正确方法。

任务准备

主板和电源若干套，已安装好的机箱若干台。

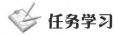

任务学习

1. 安装电源并接线

（1）拆开电源包装，取出电源。

（2）将电源放入机箱的电源仓，如图 3-40 所示，主机风扇对着主机电源出风口，并固定电源螺钉。

（3）连接主板电源线，如图 3-41 所示。

（4）连接 CPU 电源线，如图 3-42 所示。

图 3-40　电源放入机箱的电源仓　　　图 3-41　连接主板电源线　　　图 3-42　连接 CPU 电源线

2. 面板开关及指示灯信号线的连接

（1）由机箱引出的开关及指示灯信号线主要包括电源开关（POWER SW）、复位开关（RESET SW）、机箱扬声器（SPEAKER）、硬盘指示灯（HDD LED）、电源指示灯（POWER LED）。机箱面板开关及指示灯信号线如图 3-43 所示。

（2）主板上信号线针座的定义如下。

SPEAKER（扬声器 / 蜂鸣器）：2 线，使用 4 线插座，有 +/- 极性。

POWER ON/OFF（电源开关）：2 线，使用 2 线插座，无极性。

RESET（复位）：2 线，使用 2 线插座，无极性。

图 3-43　机箱面板开关及指示灯信号线

POWER LED（电源指示灯）：2 线，使用 3 线插座，有 +/- 极性。

HDD-LED（硬盘运行指示灯）：2 线，使用 2 线插座，有 +/- 极性。

（3）参照主板标记和机箱说明书将面板插头插入相应的针座即可。图 3-44 所示为面板开关及指示灯信号线的连接对应图。

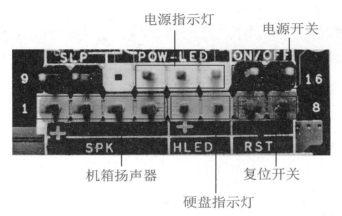

图 3-44　面板开关及指示灯信号线的连接对应图

（4）连接时注意，彩线为"+"极，黑线或白线的为"-"极。所以，"+"极要对应主板"+"极的针座。连接信号线时逐一连接即可，如图 3-45 所示。

图 3-45　连接信号线

> **注 意**
>
> 　　机箱扬声器、硬盘指示灯、电源指示灯都有方向性。如果机箱扬声器插反了，则扬声器不会发声；如果硬盘指示灯插反了，则硬盘指示灯会长亮而不闪烁；如果电源指示灯插反了，则电源指示灯会不亮。

2. 机箱前置 1394、USB、音频连接线

（1）机箱前置 1394、USB、音频连接线如图 3-46 所示。

图 3-46　机箱前置 1394、USB、音频连接线

（2）主板 1394、USB、音频连接线插槽如图 3-47 所示。

（3）由于两者的连接设计有防错措施，确认位置后，对应连接即可。

图 3-47　主板 1394、USB、音频连接线插槽

拓展与提高

板载常见开关跳线

1）开机和复位开关

当前，部分超频性能较强的中高端主板上，设计有板载开机和复位开关。这是为了方便测试技术人员及超频发烧级玩家，不用机箱进行"裸机"操作。板载开机和复位开关如图 3-48 所示。

图 3-48　板载开机和复位开关

2）CMOS 清除、CMOS 写保护开关

主板常见的 CMOS 清除、CMOS 写保护开关如图 3-49 所示。

CMOS写保护开关　　清除CMOS跳线　　　清除CMOS开关　　　CMOS写保护开关

图 3-49　CMOS 清除、CMOS 写保护开关

清除 CMOS 设置的设计一般有两种形式：一是跳线，二是开关。开关操作方便，按下即可清除，再复位正常工作。跳线的设置方法如下：当跳线帽插在 1、2 号跳线柱上时，CMOS 设置处于正常状态（这也是主板出厂时的默认值）；当把跳线帽从 1、2 号跳线柱拔下，改插在 2、3 号跳线柱上时，CMOS 设置将被清除；当将 CMOS 设置清除后，我们必须将跳

线帽还原——重新插在 1、2 号跳线柱上，否则不能开机。

由于 CIH 这样的病毒能够破坏 BIOS 芯片（也就是写入一些破坏程序到 BIOS 中），因此主板便增加了一个 BIOS 写保护跳线。现在主板的设计一般都采取开关的形式。具备 BIOS 写保护开关的主板，在进行 BIOS 芯片升级或刷新时，需将 BIOS 程序中的写保护打开。

 实训操作

找两块不同品牌的主板，试分别连接 SPEAKER、POWER ON/OFF、RESET、POWER LED、HDD-LED 等机箱面板信号线。

习　题

1. 简述 CPU 及其散热器的安装方法、步骤。

2. 试简述显卡的安装步骤。

3. 安装硬盘时应注意哪些事项？

4. 主板上的螺钉为什么不能拧得太紧？

5. 什么是双通道？安装时应该注意哪些事项？

6. 机箱至主板上的信号连线一般有哪些，含义是什么？

7. 在计算机硬件组装过程中，为什么要按照职业技术规范进行组装？

安装操作系统

计算机硬件组装完成并能正常启动以后，接下来就是安装操作系统和常用软件了。而一个刚刚组装好的计算机，要先进行 BIOS 设置、硬盘分区格式化，才能将操作系统安装在硬盘的指定分区上。

知识目标

了解 BIOS 的基础知识；掌握 BIOS 的常用设置方法；掌握硬盘分区的基础知识；掌握装机软件的使用方法；了解操作系统的概念和作用，掌握操作系统的安装方法；掌握驱动程序的安装方法。

能力目标

进一步熟悉计算机各组成部件的特征；培养观察、分析的学习能力；展开自主学习和小组合作学习，培养合作、交流沟通的能力。

岗位目标

熟练掌握 BIOS 设置、硬盘分区、操作系统安装等技能，从而胜任计算机装配和售后服务等工作。

任务 1　设置 BIOS

学习内容

1. BIOS 基础知识。

2. BIOS 各选项的功能及参数设置的方法。

3. 3 种 BIOS 设置方法。

任务描述

认识 BIOS，了解 BIOS 的作用，掌握进入 BIOS 设置界面的方法，为以后学习更改计算机外设引导顺序的设置、开机密码的设置等任务打下良好的基础。

任务准备

每人或每组 1 台或多台安装了操作系统的计算机。

任务学习

1. 认识 BIOS

BIOS（Basic Input Output System，基本输入 / 输出系统）是计算机中最基础、最重要的程序。它为计算机提供底层、最直接的硬件设置和控制。BIOS 就像是计算机硬件与软件之间的联系人，负责开机时对硬件进行初始化设置与测试，以保证系统能够正常工作。如果硬件工作不正常就立即停止工作，并反馈出错信息。

CMOS（Complementary Metal Oxide Semiconductor，互补金属氧化物半导体）是指主板上的一块可读 / 写的 RAM 芯片，常被称为 CMOS RAM，它本身就是一个存储器，用来保存当前系统的硬件配置和用户对某些参数的设定。它的容量通常为 128KB 或 256KB。随着 CMOS 中内容的增加，很多主板上使用 2MB 或 4MB 容量的 CMOS 芯片。CMOS 由主板上的纽扣式电池供电，所以即使计算机系统掉电，CMOS 中的信息也不会丢失。在 CMOS 中保存着计算机的重要信息，主要有系统日期和时间、主板上存储器的类型、硬盘的类型和数目、显卡的类型、当前系统的硬件配置和用户设置的某些参数。

BIOS 与 CMOS 的区别在于 BIOS 是一组程序，而 CMOS 是硬件。BIOS 是直接与硬件进行交互的程序，通过它可对系统参数进行设置。CMOS 是主板上的一块存储芯片，存放系统参数的设定内容。它只具有数据保存功能，如果要修改系统参数的设定内容必须通过特定的程序，而 BIOS 就是完成 CMOS 中参数设置的手段。因此，准确的说法应该是通过 BIOS 设置程序对 CMOS 参数进行设置。而平常所说的 CMOS 设置和 BIOS 设置是其简化说法，所以就在一定程度上造成了两个概念的混淆（为了统一称呼，本书以后的内容一律采用“BIOS 设置”）。

2. 进入 BIOS

如需进行 BIOS 设置，用户必须在启动计算机后的自检过程中，按下特定的热键才可进入 BIOS 设置程序，如果没有及时按下热键，就需要重新启动计算机再进行相同操作。不同 BIOS 的进入方式不同，可根据开机时屏幕给出的提示，按下指定热键进入 BIOS 设置程序。进入 BIOS 的提示界面如图 4-1 所示。

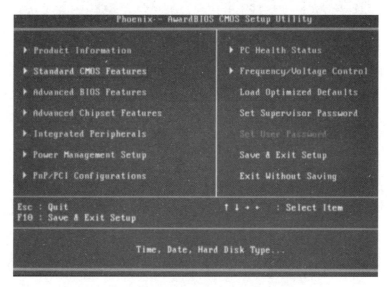

图 4-1　进入 BIOS 的提示界面

主板 BIOS 有 3 大类型，即 Award、AMI 和 Phoenix。由于 Phoenix 已经兼并了 Award，因此目前主流的 BIOS 有两种，即 Phoenix-Award BIOS 和 AMI BIOS。

（1）Phoenix-Award BIOS：其进入方法是，按 Delete 键或 Ctrl+Alt+Esc 组合键、F2 键等，根据屏幕提示进行操作。

（2）AMI BIOS：其进入方法是，按 Delete 键或 Esc 键，根据屏幕提示进行操作。

3. 设置启动顺序

启动顺序设置是在“Advanced BIOS Features”界面中进行的，如图 4-2 所示。

在计算机自检后，系统会按照 BIOS 设置中的启动顺序来选择是从软盘、硬盘、光驱还是其他启动项启动。如果指定的启动设备出现了故障，计算机将有可能无法进入操作系统。例如，在 BIOS 设置中“First Boot Device”（第一启动设备）是“Hard Disk”（硬盘），当计算机硬盘中的系统出现故障时，无法从硬盘启动，系统会从“Second Boot Device”（第二启动设备）启动，也就是“CDROM”（光驱）。如果光驱也出现无法启动的情况，那么系统就会从“Third Boot Device”（第三启动设备），也就是最后一个启动设备“LAN”（网络）启动。

如果网络启动也出现问题，计算机就无法进入操作系统。所以，对于启动顺序必须进行正确设置，尤其在组装计算机或重新安装操作系统的情况下。

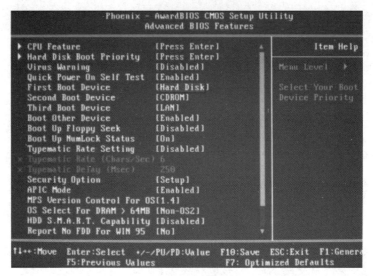

图 4-2　"Advanced BIOS Features"界面

启动顺序设置的方法如下。

（1）使用光标移动键选择对应启动设备，如"First Boot Device"，再按 Enter 键，出现第一启动设备的选项界面，常见的选项包括"Floppy"（软盘）、"Hard Disk"（硬盘）、"CDROM"（光驱）、"USB-FDD"（U 盘模拟软驱模式）、"USB-ZIP"（U 盘模拟大容量软盘模式）、"USB-CDROM"（USB 光驱）、"USB-HDD"（U 盘模拟硬盘模式）、"LAN"（网络启动）、"Disabled"（无效）等。可选的第一启动设备如图 4-3 所示。

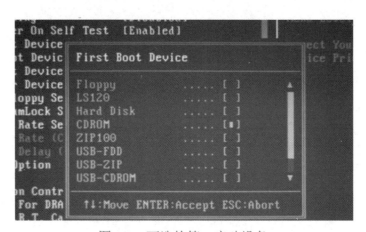

图 4-3　可选的第一启动设备

（2）在此界面中，用光标的上下移动键选择对应的启动项，再按 Enter 键即可完成选择。此外，还可以在"Advanced BIOS Features"界面中使用光标移动键选择对应的启动设备，如先选择"First Boot Device"，再使用 +、-、Page Up、Page Down 键来选择对应的选项。第二、第三启动设备的设置方法与第一启动设备的设置方法是一样的。

4. 导入 BIOS 安全默认及优化设置

（1）BIOS 程序中的安全默认设置。

BIOS 程序中的安全默认设置可以快速关闭计算机中大部分硬件的高级性能，使计算机工作在一种低性能的模式下，从而减少因硬件设备引起的故障。

（2）BIOS 程序中的优化设置。

BIOS 程序中的优化设置可将当前 BIOS 设置更改为针对该主板的优化方案，使计算机在最佳状态下工作。

（3）通过导入优化设置的例子讲解相关的操作。

① 进入 BIOS 程序主界面后，使用键盘上的方向键选择"Load Optimized Defaults"（载入 BIOS 优化设置）选项，如图 4-4 所示。如果要载入 BIOS 安全默认设置，应选择"Load Fail-Safe Defaults"（载入最安全的默认值）选项。

② 按 Enter 键，弹出对话框，输入"Y"后，按 Enter 键即可载入 BIOS 默认的优化设置，如图 4-5 所示。

③ 保存并退出 BIOS 程序。

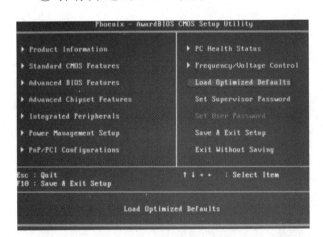

图 4-4　选择"Load Optimized Defaults"选项

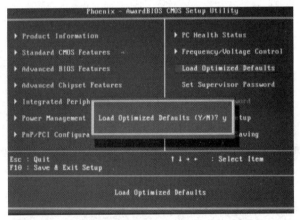

图 4-5　载入 BIOS 默认的优化设置命令

5. 退出 BIOS 设置

对 BIOS 进行设置后可退出 BIOS 程序，退出 BIOS 的方式包括保存并退出和不保存退出两个选项，下面分别进行讲解。

（1）保存并退出。

在 BIOS 程序中进行设置后，应该保存所做的设置，这样才能使所做设置发挥作用。保存并退出 BIOS 程序的方法如下。

在 BIOS 程序主界面中，使用键盘上的方向键选择"Save & Exit Setup"（保存设置后退出 BIOS 程序）选项，如图 4-6 所示。

按 Enter 键，弹出确认对话框，询问是否把所做设置保存到 CMOS 中并退出，输入"Y"

后，按 Enter 键即可保存并退出 BIOS 程序。保存并退出的确认界面如图 4-7 所示。

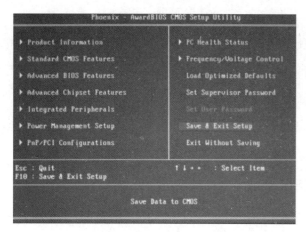

图 4-6　选择 "Save & Exit Setup" 选项

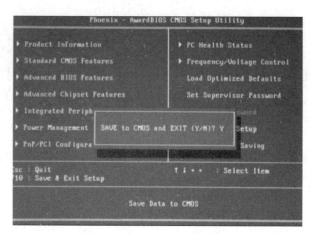

图 4-7　保存并退出的确认界面

（2）不保存退出。

如果不准备保存当前的设置，可以进行不保存退出的操作。操作方法如下。

在 BIOS 程序主界面中，使用键盘上的方向键选择 "Exit Without Saving"（不保存设置并退出 BIOS 程序）选项，如图 4-8 所示。

按 Enter 键，弹出确认对话框，询问是否不保存并退出，输入 "Y" 后，按 Enter 键即可不保存并退出 BIOS 程序。不保存退出的确认界面如图 4-9 所示。

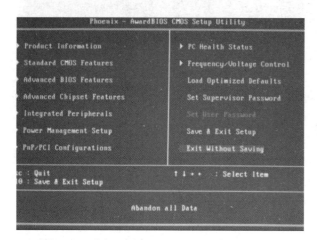

图 4-8　选择 "Exit Without Saving" 选项

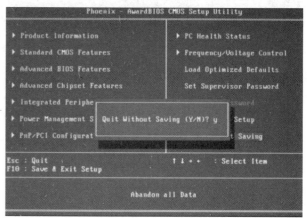

图 4-9　不保存退出的确认界面

 知识链接

1. CMOS

考虑用户在组装计算机时可能需要对部分硬件参数及运行方式进行调整，所以厂家在 CMOS 芯片中专门设置了一片 SRAM（静态存储器），并配备电池来保存这些可能经常需要更改的数据。由于 SRAM 采用传统的 CMOS 半导体技术生产，也就是说，CMOS 是指主板上一种用电池供电的可读写 RAM 芯片，BIOS 是固化到 CMOS ROM 芯片上的程序，两者是完全不同的，但是又是一体的，所以经常互相替代。

2．BIOS 芯片的种类

早期 BIOS 芯片采用的是 ROM（Read Only Memory，只读存储器）。其内部的程序是在 ROM 的制造工序中，在工厂里用特殊的方法被烧录进去的，其中的内容只能读不能改。一旦烧录进去，用户只能验证写入的资料是否正确，不能再做任何修改。

后来 BIOS 芯片采用的是 EPROM（Erasable Programmable ROM，可擦除可编程 ROM），芯片可重复擦除和写入。

现在 BIOS 芯片采用的都是 Flash ROM（闪速存储器），在功能上类似 EPROM，但二者还是有差别的。Flash ROM 在擦除时，也要执行专用的刷新程序，但是在删除资料时，并非以 Byte 为基本单位，而是以 Sector（又称 Block）为最小单位，近年来已逐渐取代了 EPROM，广泛用于主板的 BIOS ROM。BIOS 芯片如图 4-10 所示。

图 4-10　BIOS 芯片

✈ 拓展与提高

目前为了方便 BIOS 升级、应对病毒侵害、方便计算机的维护与维修，计算机公司开发了一些新的 BIOS 技术，如为方便升级，BIOS 均采用 Flash ROM；为防止 CIH 等病毒的侵害，给 BIOS 增加了防写入的开关等。此外，还有一些新的技术不断出现，如双 BIOS 架构（Dual bIOs）技术和智能 BIOS 技术。

1．双 BIOS 技术

在主板上安装两块 BIOS 芯片，如图 4-11 所示。一块作为主 BIOS，另一块作为从 BIOS，充当主 BIOS 的备份，两块 BIOS 芯片的内容完全一样。每次系统启动时，备份 BIOS 都会自动侦测主 BIOS 参数，当发现主 BIOS 启用失败时，屏幕上显示 "Primary BIOS is not ready"，系统自动启用备份 BIOS，同时屏幕上显示 "'F1' to go to recovery"，用户可按 F1 键，利用 BIOS 自带的工具软件人工修复主 BIOS 芯片，并用备份 BIOS 重写主 BIOS 以正常工作；也可直接利用备份 BIOS 来继续完成启动。

2．智能 BIOS 技术

智能 BIOS 技术就像是给 BIOS 和硬盘穿上了一件防护衣，从根本上解决了病毒和硬盘恢复困难的问题，为用户及维护人员解除了后顾之忧。智能 BIOS 提供的"一键恢复"功能可以在硬盘被彻底格式化或重新分区后也能恢复到原来

图 4-11　两块 BIOS 芯片

的状态，防止 CIH 等病毒对计算机造成的伤害。此项功能在系统安全防护及操作简易性方面的表现优异，它适用于单机及网络等各种环境应用。无论是一般用户、计算机玩家还是系统维护人员，均可以通过"一键恢复"功能解决病毒入侵、数据丢失、系统瘫痪等问题。

 实训操作

1．试一试进入 BIOS 设置主界面。

2．根据教师的讲解熟悉 BIOS 主界面中各选项的含义。

3．各小组设置不同的引导顺序分别把光驱、硬盘、U 盘等设置成第一引导设备，并请相邻的小组说出参数的含义。

任务2 分区、格式化硬盘

学习内容

1．DiskGenius 软件分区和格式化的方法。

2．硬盘格式化的过程。

任务描述

以 DiskGenius 为例，学习硬盘分区、格式化的操作过程和方法。

任务准备

每人或每组 1 台或多台安装完整的计算机，1 个 U 盘（带 DiskGenius 软件）。

 任务学习

硬盘分区有两种方法：第一种是用系统安装时自带的分区工具分区，这种分区方法用起来也很方便；第二种是计算机利用磁盘管理软件分区，如 DM、Partition Manager、Norton PartitionMagic、DiskGenius 等，这些软件各有千秋，其中 DiskGenius 具有分区、备份恢复硬盘分区表、重写主引导记录、格式化硬盘、修复损坏的分区表等功能，而分区是其最主要的功能。系统安装时自带的分区工具将在后续安装操作系统时讲解。这里主要介绍 DiskGenius。

Disk Genius 是一款磁盘管理及数据恢复软件，使用图形界面，简洁直观，支持鼠标操作，

符合现在的操作习惯。该软件除了支持传统的 MBR 磁盘，还支持 GPT 磁盘。它可以对硬盘进行分区管理、格式化、实时调整分区大小等操作。

在 Disk Genius 中创建分区时，要遵循创建分区的顺序，如在 MBR 磁盘中先创建主分区，再创建其他分区。

1. 建立主磁盘分区

（1）打开计算机，插上 U 盘，启动 Disk Genius 程序，进入主操作界面，右击硬盘的"空闲"空间（灰色显示区域），在弹出的快捷菜单中选择"建立新分区"选项，如图 4-12 所示。

图 4-12　选择"建立新分区"选项

（2）弹出"建立新分区"对话框，如图 4-13 所示。在"建立新分区"对话框中依次选择分区类型（主磁盘分区）和文件系统类型（NTFS）。在"新分区大小"数值框中输入准备分配给主磁盘分区的容量值并单击"确定"按钮。

（3）返回主操作界面，显示新建立的主磁盘分区（但是分区未格式化，也没有盘符），如图 4-14 所示。

图 4-13 "建立新分区"对话框

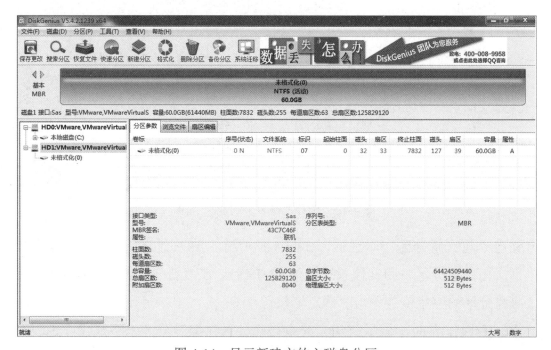

图 4-14 显示新建立的主磁盘分区

（4）右击新建立的分区，在弹出的快捷菜单中选择"格式化当前分区"选项，如图 4-15 所示。

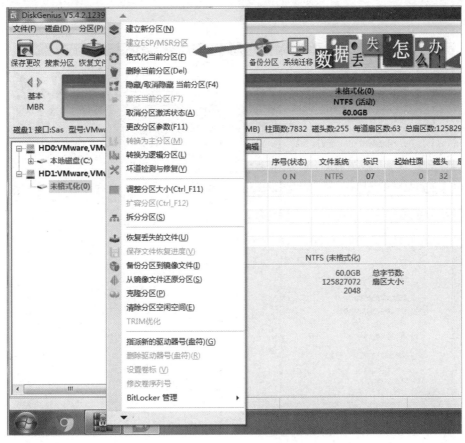

图 4-15　选择"格式化当前分区"选项

（5）显示保存分区表的提示信息（见图 4-16）后，单击"确定"按钮，执行格式化操作。

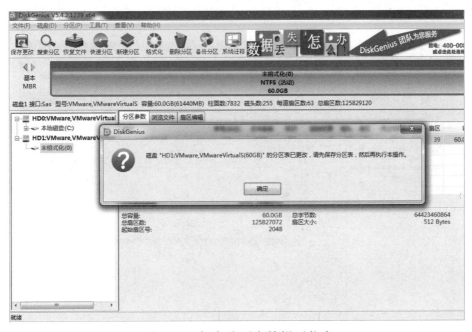

图 4-16　保存分区表的提示信息

（6）在主操作界面中单击"磁盘"菜单，选择"保存分区表"选项（见图 4-17），显示提示信息后，单击"是"按钮，保存分区表。

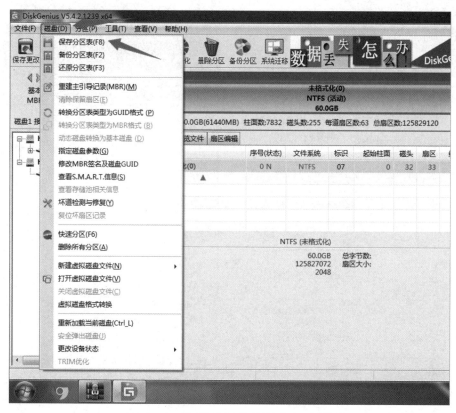

图4-17 选择"保存分区表"选项

（7）显示是否立即格式化新建立分区的提示信息后，单击"是"按钮，执行格式化操作，如图4-18所示。

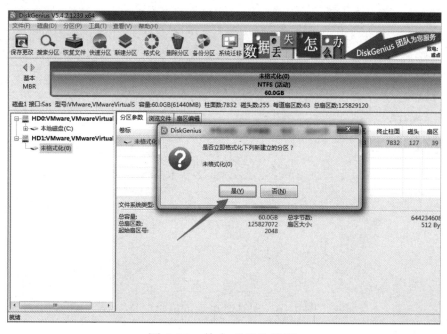

图4-18 单击"是"按钮

（8）格式化结束后，返回主操作界面，显示新分区的盘符、文件系统、容量，至此建立新分区过程结束。建立的新分区如图 4-19 所示。

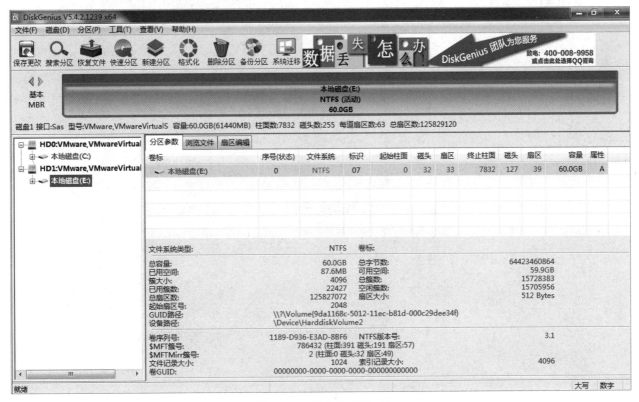

图 4-19　建立的新分区

2．建立扩展磁盘分区

只能在 MBR 磁盘中建立扩展分区，在 GPT 磁盘中不能建立扩展分区。

在主界面中，右击"空闲"空间，在弹出的快捷菜单中选择"建立新分区"选项，弹出如图 4-20 所示的"建立新分区"对话框中。在该对话框中，分区类型选为扩展磁盘分区，文件系统类型选为 Extend，并在"新分区大小"数值框中输入分配给扩展分区的容量值，单击"确定"按钮，如图 4-20 所示。

3．建立逻辑分区

（1）右击新建的扩展分区，在弹出的快捷菜单中选择"建立新分区"选项，弹出如图 4-21 所示的"建立新分区"对话框。在"建立新分区"对话框中，分区类型选为逻辑分区、文件系统类型选为 NTFS，并在"新分区大小"数值框中输入准备分配给逻辑分区的容量值，单击"确定"按钮，如图 4-21 所示。

（2）返回主操作界面，显示新建立的逻辑分区（但是分区未格式化，也没有盘符），如图 4-22 所示。

图 4-20 "建立新分区"对话框①

图 4-21 "建立新分区"对话框②

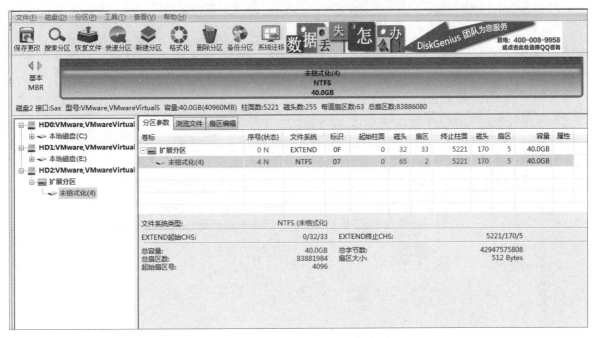

图 4-22　显示新建立的逻辑分区

（3）右击新建的逻辑分区，在弹出的快捷菜单中选择"格式化当前分区"选项，如图 4-23 所示。

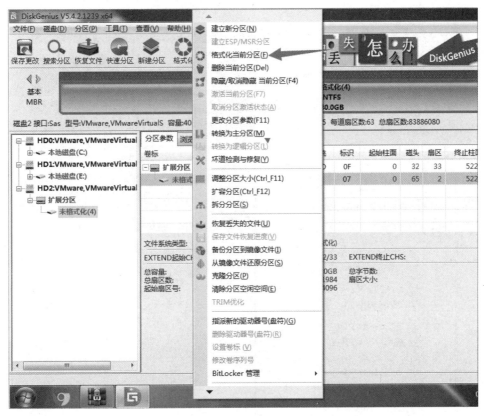

图 4-23　选择"格式化当前分区"选项

（4）显示保存分区表的提示信息（见图 4-24）后，单击"确定"按钮，执行格式化操作。

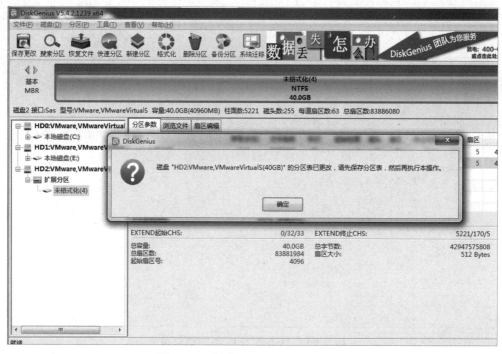

图 4-24　保存分区表的提示信息

（5）在主操作界面单击"磁盘"菜单，选择"保存分区表"选项（见图 4-25），显示提示信息后，单击"是"按钮，保存分区表。

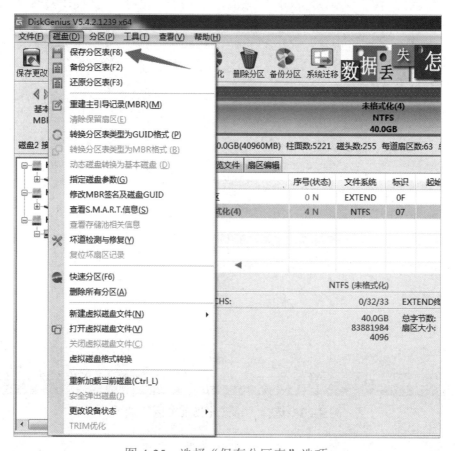

图 4-25　选择"保存分区表"选项

（6）显示是否立即格式化新建立分区的提示信息后，单击"是"按钮，执行格式化操作，如图 4-26 所示。

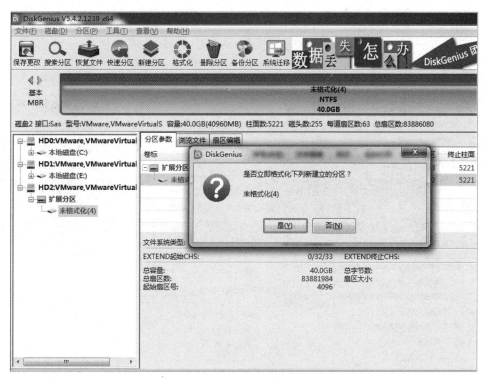

图 4-26　单击"是"按钮

（7）主操作界面显示新分区的盘符、文件系统、容量信息（见图 4-27），至此建立新分区过程结束。

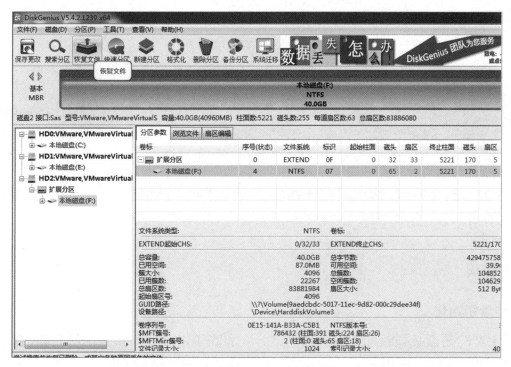

图 4-27　显示新分区的盘符、文件系统、容量信息

利用同样的方法可继续建立其他逻辑分区。

4．激活主分区

主分区必须激活才能引导系统，激活主分区的操作如下。

（1）在主界面中右击主分区，在弹出的快捷菜单中选择"激活当前分区"选项，如图 4-28 所示。

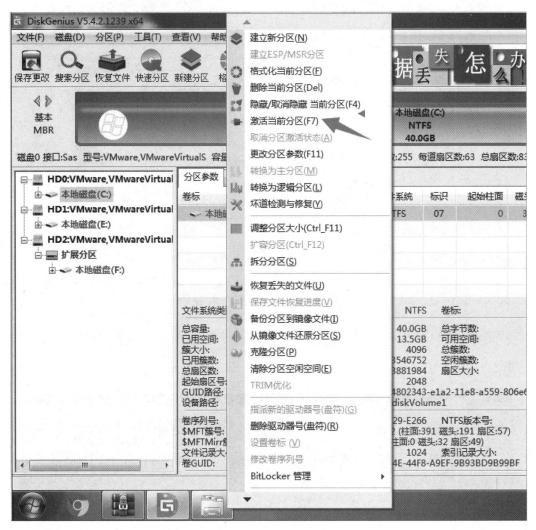

图 4-28　选择"激活当前分区"选项

（2）返回主操作界面，被激活分区的文件系统后显示"活动"，表示分区已经被成功激活，如图 4-29 所示。

知识链接

1．硬盘初始化

工厂生产的硬盘必须经过低级格式化、分区和高级格式化（通常简称为格式化）3 个处理步骤后，才能被计算机用来存储数据。其中，磁盘的低级格式化通常由生产厂家完成，目的是划定磁盘可供使用的扇区和磁道，并标记有问题的扇区；而用户则需要使用操作系统所提供的磁盘工具或其他分区工具（如 DiskGenius、PQ 等）进行硬盘的分区和高级格式化之后才能使用。

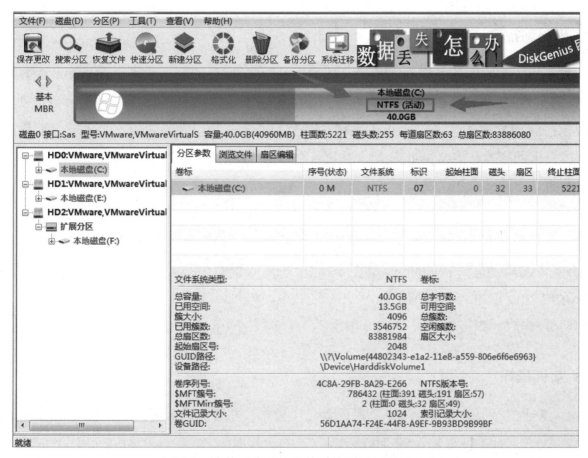

图 4-29　被激活分区的文件系统后显示"活动"

2. FAT32、NTFS 文件格式

（1）FAT32 文件格式。FAT32 使用了 32 位的文件分配表，能支持容量最大为 2TB 的硬盘。与 FAT16 相比，FAT32 提高了对硬盘的利用效率，减少了对硬盘空间的浪费。Windows 95 以后的 Windows 操作系统都支持 FAT32，但是现在的操作系统已经不采用这种文件格式。

（2）NTFS 文件格式。NTFS 是随着 Windows NT 操作系统而出现的文件格式，能更有效地管理磁盘空间，具有出色的安全性及稳定性。Windows NT、Windows 2000、Windows XP、Windows 2003、Windows 7、Windows 10 操作系统都支持这种文件格式。NTFS 的缺点就是兼容性较差。以前的 DOS 系统和 Windows 9x 系列的操作系统是无法访问 NTFS 文件系统的。

（3）EXFAT 文件格式。EXFAT（Extended File Allocation Table，扩展文件分配表）是为了满足个人移动存储设备在不同操作系统上日益增长的需求而设计的新文件系统，可解决 FAT32 等不支持 4GB 及更大文件的缺点。

（4）EXT2 文件格式。EXT2（Second Extended File System，第二扩展文件系统）是专为 Linux 操作系统设计的文件格式，拥有极高的速率和极小的 CPU 占用率，结合 Linux 操作系统后，死机的机会大大减少，但 EXT2 不兼容以上的文件格式。

拓展与提高

大家分区的时候都习惯输入数字，如想得到一个 2GB 的分区也许会输入 2000MB 或者 2048MB，其实根据输入的这些数字所分出来的区在 Windows 操作系统中都不会被识别为整数的 2GB。想要得到 Windows 操作系统中的整数 GB 分区，必须知道一个公式，而通过这个公式算出的值就是被 Windows 操作系统认为整数 GB 的值。

整数 GB 的计算公式如下：

$$(X-1)\times4+1024\times X=Y$$

式中，X 是想要得到的整数分区的数值，单位是 GB；Y 是分区时应该输入的数字，单位是 MB。例如，想得到 Windows 操作系统中 3GB 的整数分区，$(3-1)\times4+1024\times3=3080$，那么分区时就应该输入 3080MB 作为分区的大小。同理，想分出 10GB 的空间，$(10-1)\times4+1024\times10=10276$，则应该输入 10276MB 作为分区的大小。

实训操作

1. 各小组按要求在实验机上练习硬盘分区操作，并帮助组员解决存在的问题。
2. 对分区后的硬盘进行格式化操作。

任务 3　安装 Windows 10 操作系统

学习内容

使用 U 盘安装 Windows 10 操作系统。

任务描述

了解 Windows 10 操作系统的安装环境，学习使用 U 盘安装 Windows 10 操作系统的方法。

任务准备

每人 / 每组 1 台或多台计算机，U 盘若干个。

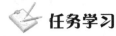

任务学习

1. 用 U 盘安装 Windows 10 操作系统

下面以 U 盘安装 Windows 10 专业版为例，讲解 Windows 10 操作系统的安装过程。

（1）制作启动 U 盘。

① 将 U 盘（至少 8GB）插入计算机的 USB 接口，登录微软网站，进入下载 Windows 10 页面，单击"立即下载工具"按钮，弹出如图 4-30 所示的"新建下载任务"对话框，单击"下载"按钮，下载制作启动 U 盘工具。

图 4-30　"新建下载任务"对话框

② 运行下载的制作工具软件，在如图 4-31 所示的"适用的声明和许可条款"界面中，单击"接受"按钮。

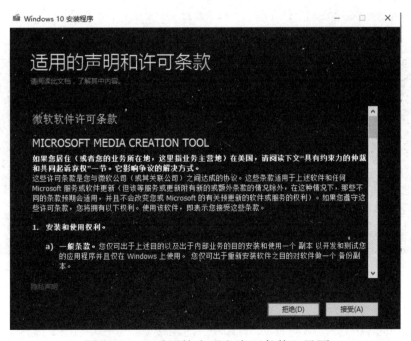

图 4-31　"适用的声明和许可条款"界面

③ 在"你想执行什么操作"界面中，单击"为另一台计算机创建安装介质"单选按钮，单击"下一步"按钮，如图 4-32（a）所示。

④ 在"选择要使用的介质"界面中单击"U 盘"单选按钮，单击"下一步"按钮，如图 4-32（b）所示。

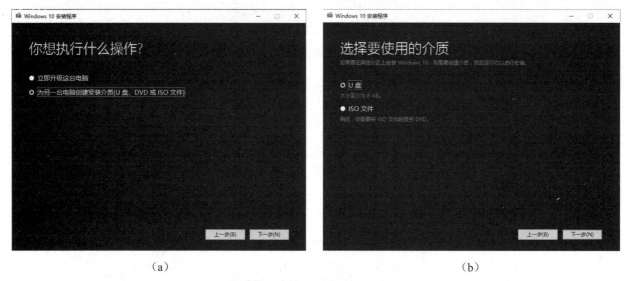

（a） （b）

图 4-32 选择安装介质

⑤ 在"正在验证你的下载"界面进度完成 100% 后，系统自动验证，如图 4-33（a）所示。

⑥ 验证后创建 Windows 10 介质，如图 4-33（b）所示。创建完毕后单击"下一步"按钮。

（a） （b）

图 4-33 验证下载

（2）将 Windows 10 启动 U 盘插入计算机 USB 接口，进入 UEFI 程序，设置启动顺序，如图 4-34 所示。

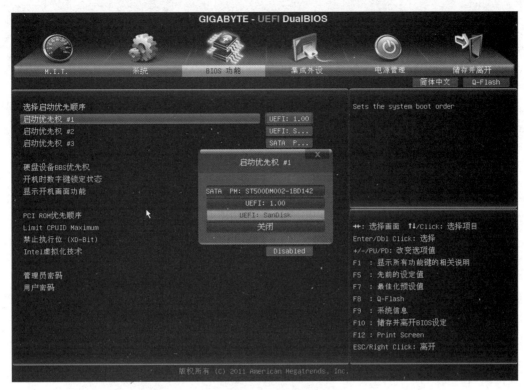

图 4-34　设置启动顺序

（3）进入 Windows 10 安装程序，设置"要安装的语言""时间和货币格式""键盘和输入方法"，单击"下一步"按钮，开始安装，如图 4-35 所示。

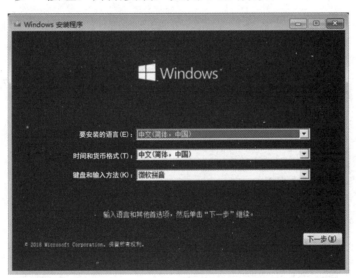

图 4-35　设置"要安装的语言""时间和货币格式""键盘和输入方法"

（4）弹出"现在安装"界面，单击"现在安装"按钮，启动安装程序，如图 4-36 所示。

图 4-36　启动安装程序

（5）在"激活 Windows"界面中，直接输入 Windows 10 对应版本的密钥，即可安装 Windows 10 的对应版本，如图 4-37 所示。

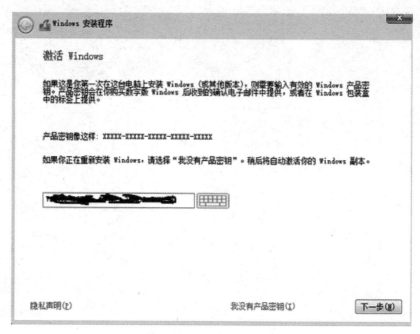

图 4-37　输入 Windows 10 对应版本的密钥

如果单击"我没有产品密钥"按钮，出现 Windows 10 的版本选择界面，在界面中选择要安装的版本，单击"下一步"按钮。

（6）在"适用的声明和许可条款"界面（见图 4-38）中，选择"我接受许可条款"复选框，单击"下一步"按钮。

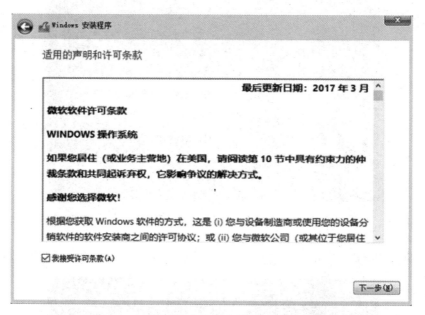

图 4-38　"适用的声明和许可条款"界面

（7）弹出"你想执行哪种类型的安装"界面（见图 4-39），选择"自定义"安装类型。

如果想保留原有系统中的文件、设置、程序，选择"升级"安装类型；如果是全新安装或不想保留原有设置，就选择"自定义"安装类型。

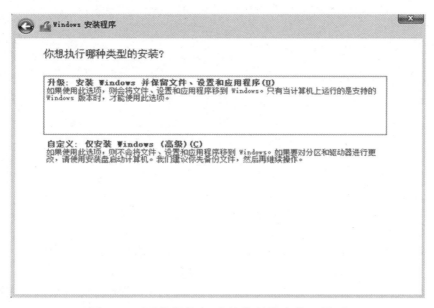

图 4-39　"你想执行哪种类型的安装"界面

（8）在磁盘上进行新建分区操作，单击"下一步"按钮。

（9）选择在主分区上安装 Windows，单击"下一步"按钮。

（10）屏幕弹出如图 4-40 所示的"正在安装 Windows"界面，依次完成"正在复制 Windows 文件""正在准备要安装的文件""正在安装功能""正在安装更新""正在完成"等过程。

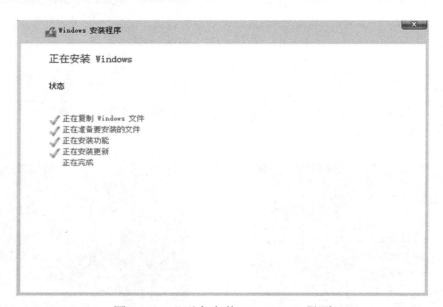

图 4-40　"正在安装 Windows"界面

（11）出现"Windows 需要重新启动才能继续"的提示信息后，完成第一次重启，如图 4-41 所示。

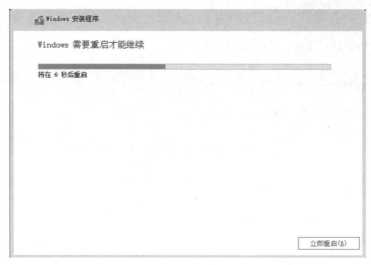

图 4-41　第一次重启

（12）计算机重启后，显示"启动服务"信息，如图 4-42（a）所示。

（13）显示"正在准备设备"，如图 4-42（b）所示。

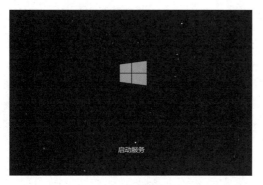
（a）启动服务

（b）准备设备

图 4-42　启动服务、准备设备

（14）准备就绪后，计算机再一次重启，显示"请稍等"信息，如图 4-43（a）所示。

（15）进入"欢迎"界面。微软助手"小娜"进行设置介绍，设置过程可使用鼠标、键盘或语音输入完成，如图 4-43（b）所示。

（a）

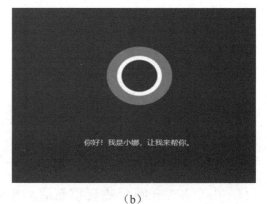
（b）

图 4-43　等待及欢迎界面

（16）进入"基本"设置界面，进行区域设置，如图 4-44（a）所示。

（17）选择合适的键盘布局，单击"是"按钮，如图 4-44（b）所示。

（18）选择是否添加第二种键盘布局，如果要添加第二种键盘布局，单击"添加布局"按钮；若不添加，单击"跳过"按钮，如图 4-45（a）所示。

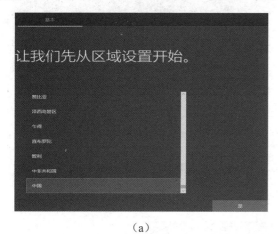
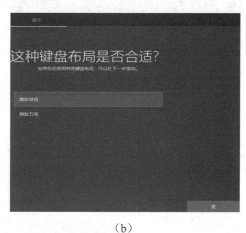

（a）　　　　　　　　　　　　　　　　　　（b）

图 4-44　区域和键盘布局设置

（19）进入"网络"设置，屏幕显示"现在我们要进行一些重要设置"的提示信息，如图 4-45（b）所示。

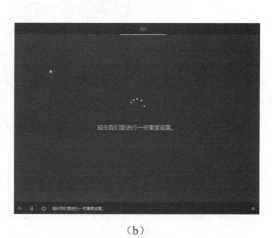

（a）　　　　　　　　　　　　　　　　　　（b）

图 4-45　添加第二种键盘布局和网络设置

（20）进入"账户"设置，先选择希望以何种方式进行设置，根据实际情况选择针对个人使用或组织的方式进行设置，单击"下一步"按钮，如图 4-46（a）所示。

（21）进入"通过 Microsoft 登录"界面，在屏幕中间的输入框中输入电子邮件地址或电话，如图 4-46（b）所示。如果没有电子邮件地址，可单击输入框下面的"创建账户"按钮，也可输入电话号码。如果不想输入以上信息，可以单击左下角的"脱机账户"按钮。在这里，我们选择"脱机账户"，单击"下一步"按钮。

（a）   （b）

图 4-46　账户与登录设置 [①]

（22）在如图 4-47 所示的"转而登录 Microsoft"界面中，单击"否"按钮，确认使用脱机账户，如图 4-47 所示。

图 4-47　"转而登录 Microsoft"界面

（23）在如图 4-48（a）所示的"谁会使用这台电脑"界面中输入用户名，单击"下一步"按钮。在如图 4-48（b）所示的"创建容易记住的密码"界面中输入密码，单击"下一步"按钮。

（a）   （b）

图 4-48　输入用户名密码

---

① 软件图中的"帐户"的正确写法为"账户"。

（24）为账户创建三个安全问题，并填写问题答案，如图 4-49 所示。

（25）在如图 4-50 所示的"是否让 Cortana 作为你的个人助理"界面中，单击"是"或"否"按钮，进入下一步设置。在这里，我们选择"是"按钮，如图 4-50 所示。

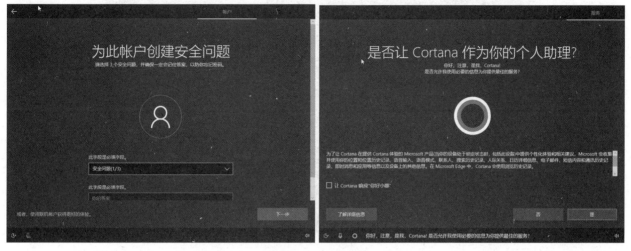

图 4-49　创建安全问题　　　　　图 4-50　"是否让 Cortana 作为你的个人助理"界面

（26）进入如图 4-51 所示的"为你的设备选择隐私设置"界面，进行隐私设置，然后单击"接受"按钮。

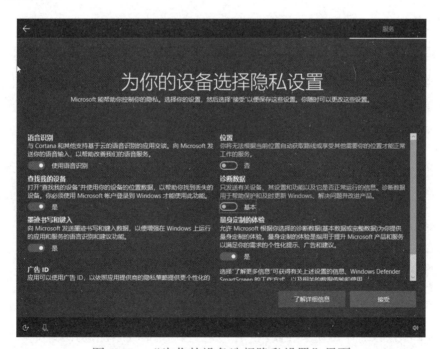

图 4-51　"为你的设备选择隐私设置"界面

（27）设置完成，进入 Windows 10 操作系统，在屏幕右侧的"网络"对话框中根据实际需要，选择是否允许网络发现，如图 4-52 所示。

（28）至此，Windows 10 操作系统安装完成。

图 4-52　完成安装

知识链接

1. 操作系统

操作系统是管理计算机硬件资源、控制其他程序运行并为用户提供交互操作界面的系统软件的集合。操作系统是计算机系统的关键组成部分，负责管理与配置内存、决定系统资源供需的优先次序、控制输入与输出设备、操作网络与管理文件系统等基本任务，操作系统也提供一个让用户与系统交互的操作界面。

计算机的操作系统根据不同的用途分为实时系统、批处理系统、分时系统、网络操作系统等。常用于 PC 的桌面操作系统多为微软公司的 Windows 操作系统，如 Windows 10 系统。微软公司的 Logo 如图 4-53 所示。

图 4-53　微软公司的 Logo

2. Windows 操作系统的安装方式

Windows 操作系统一般有升级安装和全新安装两种安装方式。升级安装是从原来已有的低版本操作系统升级安装至高版本操作系统，如 Windows 7 在系统补丁更新到最新后，可升级安装至 Windows 10 操作系统。全新安装是指执行安装程序，安装一个新的 Windows 操作系统。

3. 计算机硬件驱动程序

驱动程序是一种可支持操作系统和硬件设备进行通信的特殊程序。

驱动程序将硬件的具体功能告知操作系统，然后充当硬件设备与操作系统之间的接口。操作系统只有通过驱动程序这个接口，才能控制硬件设备的具体工作。驱动程序称为硬件和操作系统之间的"桥梁"。所以，在安装操作系统后，需要安装驱动程序。例如，安装 Windows XP、Windows 7 后，要安装声卡、网卡、显卡等驱动程序。但是，Windows 10 安装好后，不再需要单独安装驱动程序，大大简化了安装过程。

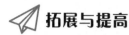 拓展与提高

1．小白 U 盘启动盘制作工具

小白是一款专门为大众网民设计的 U 盘启动盘制作工具，也是非常方便快捷的 U 盘装系统和维护计算机的专用工具。图 4-54 所示为小白一键 U 盘装系统的主界面。

小白 U 盘启动盘制作工具的特点如下：小白 U 盘启动盘的制作过程简单快捷，一键单击制作，是计算机新手的最好选择；U 盘启动盘采用写入保护技术，彻底断绝病毒通过 U 盘传播，拒绝病毒的入侵，防患于未然；U 盘启动盘支持所有 U 盘制作，拥有最高可达 8 万次的读写次数；U 盘启动盘平时可当 U 盘使用，需要的时候就是修复盘，完全不需要光驱，携带方便；小白一键 U 盘装系统在安装操作系统时，用户可以自由替换和兼容各种操作系统，支持 Ghost 与原版系统安装，方便快捷，自动安装；U 盘启动盘拒绝蓝屏、黑屏及软件崩溃问题，稳定高效，是各大计算机城和计算机联盟里装机人员的必备工具；工具新增了热键查询，让用户及时查询品牌、组装主板的 BIOS 设置、一键启动快捷键等。

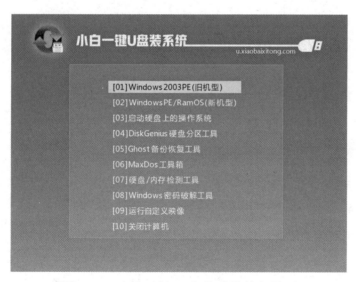

图 4-54　小白一键 U 盘装系统的主界面

2．大白菜超级 U 盘启动盘制作工具

大白菜超级 U 盘启动盘制作工具也是只需要一键即可实现 U 盘启动盘的制作，它制作的 U 盘启动盘真正实现了一盘两用的功能，既可当作 U 盘使用，也可以用于启动计算机。

大白菜 U 盘启动盘制作工具是绿色免费中文版，其主界面如图 4-55 所示。

图 4-55　大白菜 U 盘启动盘制作工具的主界面

 实训操作

1．用大白菜 U 盘制作工具制作启动盘。

2．用 U 盘安装 Windows 10 操作系统。

习　题

1．简述 BIOS 与 CMOS 的区别。

2．简述 DiskGenius 对硬盘进行分区和格式化的过程。

3．简述 FAT32 与 NTFS 分区格式的不同。

4．简述 Windows 10 操作系统的安装方式。

5．国产操作系统有哪些？你使用过哪些国产操作系统？

安装常用软件

操作系统安装完成后，计算机要实现某个特定功能，如看电影、听音乐、玩游戏、编辑文字等，还需要安装应用软件。另外，为了确保计算机的功能健全，运行流畅，避免遭受病毒破坏或网络攻击，还需要安装杀毒和防火墙软件，以清除计算机病毒和防范网络病毒，预防黑客对计算机的攻击。

知识目标

了解常用杀毒软件、网络防火墙软件；了解操作系统补丁安装的方法；了解常用工具软件安装的方法。

能力目标

熟练掌握杀毒、网络防火墙软件的安装与使用；熟悉操作系统系统更新的技巧；培养观察、分析的学习能力，以及利用网络查询资料的能力；展开自主学习和小组合作学习，培养合作、交流沟通的能力。

岗位目标

熟练使用杀毒、网络防火墙软件，掌握安装升级系统补丁等技能，从而胜任计算机维护和售后服务等工作。

任务 1　安装杀毒防火墙软件

学习内容

1. 常见杀毒软件和防火墙软件。
2. 杀毒、防火墙软件的安装方法。

任务描述

了解杀毒软件和网络防火墙软件及其作用，掌握安装杀毒、防火墙软件的方法。

任务准备

每人 / 每组 1 台或多台已安装 Windows 10 操作系统的计算机。

任务学习

1. 安装杀毒软件

在计算机技术迅速发展的同时，计算机病毒也随之诞生，它借助网络、U 盘或其他传播途径入侵计算机，给计算机的安全带来了隐患。为避免病毒的攻击，推荐安装杀毒软件。杀毒软件是用于清除计算机病毒、木马和恶意软件的一种软件，通常它都集成监控识别、病毒扫描和清除及自动升级等功能。

常见的杀毒软件有奇虎 360、瑞星、金山、卡巴斯基等，它们的 Logo 如图 5-1 所示。

360 杀毒软件的 Logo　　瑞星杀毒软件的 Logo　　金山毒霸软件的 Logo　　卡巴斯基软件的 Logo

图 5-1　常见杀毒软件的 Logo

在杀毒软件公司的官方网站上下载杀毒软件后，即可安装使用。现以瑞星杀毒软件的安装为例，介绍杀毒软件的安装和设置方法。

（1）在瑞星官方网站下载杀毒软件后，双击"安装文件"按钮，进入安装界面，选择安装路径，如图 5-2 所示，单击"开始安装"按钮。

（2）开始安装杀毒软件，如图 5-3 所示。

图 5-2 选择安装路径　　　　　　　　　　　　　图 5-3 开始安装杀毒软件

（3）安装完成，如图 5-4 所示。勾选"启动瑞星杀毒软件"复选框，单击"完成"按钮，进入瑞星杀毒软件管理界面，如图 5-5 所示。

图 5-4 安装完成

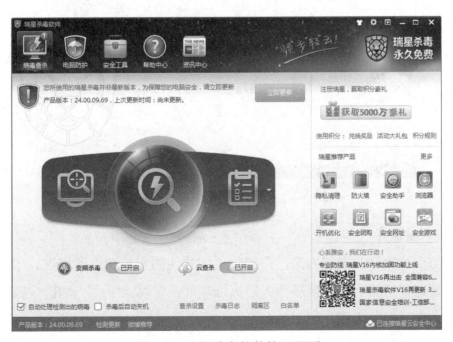

图 5-5 瑞星杀毒软件管理界面

（4）启动瑞星杀毒软件，开始设置瑞星杀毒软件。

（5）单击"立即更新"按钮，连接瑞星病毒升级服务器，完成病毒库更新及产品升级，如图 5-6 所示。

（6）开启计算机病毒防护功能，如图 5-7 所示。

图 5-6　产品升级

图 5-7　开启计算机病毒防护功能

2．安装防火墙软件

仍以瑞星防火墙软件的安装为例，介绍防火墙软件的安装和设置方法。

（1）从瑞星官方网站上下载瑞星个人防火墙软件，下载软件后，双击"安装文件"按钮，进入安装界面，选择安装路径，如图 5-8 所示，单击"开始安装"按钮。

（2）系统弹出安装提示，如图 5-9 所示。

图 5-8 选择安装路径

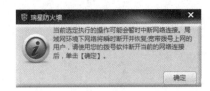

图 5-9 安装提示

（3）单击"确定"按钮，开始安装防火墙软件，如图 5-10 所示。

（4）安装完成，如图 5-11 所示。

图 5-10 开始安装防火墙软件

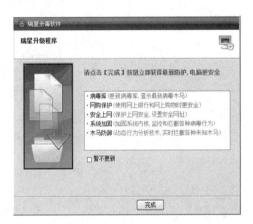

图 5-11 安装完成

（5）单击"完成"按钮，进入瑞星防火墙软件管理界面，如图 5-12 所示。

图 5-12 瑞星防火墙软件管理界面

（6）新安装的未升级防火墙软件会显示"高危"，需要立即修复。修复升级界面如图 5-13 所示。单击"立即修复"按钮，开始升级修复。

图 5-13　修复升级界面

（7）完成修复升级，所有防御均开启，系统安全，如图 5-14 所示。

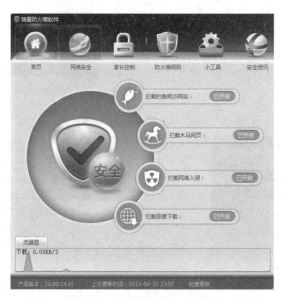

图 5-14　所有防御均开启

一般情况下，杀毒软件和防火墙软件配合使用，为了更好地兼容，建议选择同一家厂商的产品。例如，360 杀毒与 360 卫士配合使用；瑞星杀毒、瑞星防火墙、瑞星安全助手配合使用。

 知识链接

1. 计算机病毒的定义

计算机病毒（Computer Virus）是指能够通过自身复制传染或运行起破坏作用的计算机程序。它是在人为或非人为的情况下产生的，在用户不知情或未批准的情况下入侵并隐藏在可执行程序或数据文件中，在特定的条件下开始运行并对计算机系统进行破坏。

2. 计算机病毒的主要传播途径

计算机病毒主要通过网络浏览、网络下载、移动磁盘等途径迅速传播。

（1）网络浏览。网络的普及为计算机病毒的传播提供了便捷的途径。计算机病毒可以附着在网页、正常文件中，通过网络进入一个又一个系统。网络浏览已经成为计算机病毒传播的第一途径。

（2）网络下载。有关调查报告显示，网络下载已经是网民近一半的网络行为。现在网络上鱼目混珠的现象太多，很多下载的资源都会带有蠕虫、木马、后门等计算机病毒，进而危害计算机。

（3）移动磁盘。移动磁盘属于可读写模式，因此很容易写入 Autorun.inf 文件及许多恶意程序。受到计算机病毒感染的移动磁盘插入计算机后，计算机病毒会躲藏在操作系统的进程中，侦测计算机的一举一动。当用户将其他干净的移动磁盘插入受计算机病毒感染的计算机中时，计算机病毒会复制到干净的移动磁盘中，然后一传十、十传百。公用计算机的使用会导致计算机病毒快速散播。

3．计算机病毒的主要危害

（1）破坏文件数据。计算机病毒会攻击硬盘分区、文件分配表，删除、修改、替换文件内容，导致文件数据损坏不易修复。

（2）攻击内存。计算机病毒发作时会大量占用和消耗内存，导致正常程序运行受阻，计算机运行速率明显下降。

（3）干扰系统运行。计算机病毒会干扰系统命令运行，导致打不开文件、堆栈溢出、重启和死机等。

（4）破坏网络。计算机病毒会不停地给网络用户发送大量的垃圾邮件或信息，造成网络堵塞；更改网关 IP 地址，导致网络错误。

实训操作

1．下载瑞星杀毒和防火墙软件，并安装到本机上。
2．打开瑞星杀毒和防火墙软件，学习并熟悉软件的设置和使用方法。
3．尝试下载其他杀毒产品并安装。

任务 2　安装系统补丁

学习内容

1．系统补丁的概念。
2．安装系统补丁。

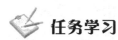 **任务描述**

了解什么是系统补丁，认识系统补丁的作用，掌握安装系统补丁的方法。

任务准备

每人／每组一台或多台已安装 Windows 10 操作系统的计算机。

任务学习

1. 手动安装系统补丁（Windows 更新）

我们每天使用的 Windows 操作系统是一个非常复杂的软件系统，因此它难免会存在许多程序漏洞，这些漏洞会被病毒、恶意脚本、黑客利用，从而严重影响计算机的使用和网络的安全和畅通。微软公司会不断发布升级程序供用户安装修复漏洞，确保计算机安全运行，这些升级程序就是系统补丁。

Windows 服务支持页面如图 5-15 所示，它提供了大量技术文档、安全公告、补丁下载服务，经常访问该页面可及时获得相关信息。另外，各类安全网站、杀毒软件厂商网站经常会有安全警告，并提供相关的解决方案，当然也包含各类补丁的下载链接。通过链接下载补丁程序后，只需运行安装并按提示操作即可。

图 5-15 Windows 服务支持页面

2. 在线更新

手动安装是比较麻烦的，而且不知道系统需要哪些补丁，因此对于一般用户推荐采用在线自动更新的方式。

（1）通过选择"开始"→"设置"→"更新和安全"命令，如图 5-16 所示，弹出"Windows 更新"窗口，如图 5-17 所示。

图 5-16   选择"更新和安全"命令

图 5-17   "Windows 更新"窗口

（2）单击"查看可选更新"按钮，弹出"可选更新"窗口。在该窗口勾选"Windows 更新"或者"驱动程序更新"选区下的复选框，单击"下载并安装"按钮，即可下载并安装更新，如图 5-18 所示。

（3）接下来，开始下载更新，如图 5-19 所示。

（4）下载完成后，就开始安装更新，如图 5-20 所示。

（5）完成更新安装，有时需要重启机器，如图 5-21 所示。

图 5-18　"可选更新"窗口

图 5-19　下载更新　　　　　　　　　　　　　　　图 5-20　安装更新

图 5-21　完成更新安装

3. 利用安全工具软件进行系统补丁安装

安装系统补丁更新，也可以通过 360 安全卫士、瑞星安全助手等安全工具软件进行漏洞扫描，安装更新。

下面以 360 安全卫士为例进行讲解。

360 安全卫士也为其自身装备了修复系统漏洞的功能，利用此功能可以进行系统补丁的安装。操作步骤如下。

（1）启动程序，进入 360 安全卫士的主界面。

（2）选择"系统修复"选项卡，单击"全面修复"按钮，启动漏洞检测程序。"系统修复"选项卡如图 5-22 所示。检测完后，界面上会显示当前系统存在的所有系统漏洞，并提供了系统漏洞的详细信息，其中包括安全等级、公告号、微软名称、漏洞名称及发布时间。

图 5-22 "系统修复"选项卡

（3）可以选定一个或多个系统漏洞，然后单击"立即修复"按钮，360 将自动下载所有的漏洞补丁程序，并自动为用户安装漏洞补丁，而无须用户的任何操作。

知识链接

微软公司发布的系统补丁有两种类型：Hotfix 和 Service Pack。Hotfix 是微软公司针对某一个具体的系统漏洞或安全问题而发布的解决程序，它的程序文件名有严格的规定，一般格式为产品名 KB××××××- 处理器平台语言版本 .exe。

Hotfix 是针对某一个具体问题而发布的解决程序，因而它会经常发布，数量非常大。用户想要知道目前已经发布了哪些 Hotfix 程序是一件非常麻烦的事，更别提自己是否已经安装了。因此，微软公司将这些 Hotfix 系统补丁全部打包成一个程序提供给用户安装，这就是 Service Pack，简称 SP。SP 包含了发布日期以前所有的 Hotfix 程序，因此只要安装了它，就可以保证自己不会漏掉任何一个 Hotfix 程序。而且发布时间晚的 SP 程序会包含以前的 SP 的所有补丁，如 SP3 会包含 SP1、SP2 的所有系统补丁。

实训操作

1. 试登录微软官网下载系统补丁，并进行安装。
2. 试利用 Windows 7 操作系统的自动更新功能进行系统补丁的下载安装。
3. 试利用 360 安全卫士进行系统补丁的下载安装。

任务 3　安装 Office 办公软件

学习内容

安装 Office 2019 办公软件。

任务描述

通过安装 Office 2019 办公软件，学习并掌握应用软件的安装方法。

任务准备

每人 / 每组 1 台已安装 Windows 10 操作系统的计算机；Office 2019 安装软件。

任务学习

（1）打开 Office 2019 安装包，双击安装程序 "setup.exe"，进入安装界面，如图 5-23 所示。

图 5-23　准备安装界面

（2）准备就绪后，直接进入安装界面，开始安装，如图 5-24 所示。

（3）安装完成后，需要激活方可正常使用，打开 office 程序组中 Word、Excel 或 PowerPoint 其中一个程序，会弹出如图 5-25 所示的 "登录以设置 Office" 界面。如果有微软账号直接登录即可，如果没有账号单击 "创建账户" 按钮，创建一个微软账号，然后登录。

图 5-24　Office 安装界面

图 5-25 "登录以设置 Office" 界面

（4）登录成功会出现接受许可协议这个界面，单击"接受并启动 word"按钮，即可激活 Office，如图 5-26 所示。

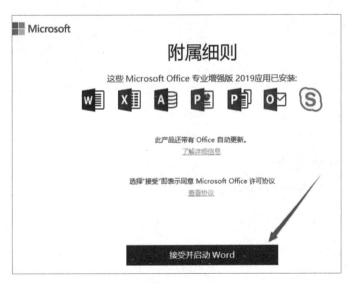

图 5-26　激活 Office

（5）打开 Office 程序组中 Word、Excel 或 PowerPoint 其中一个程序，选择文件 / 账户，查看激活结果，如图 5-27 所示。

图 5-27　查看激活结果

拓展与提高

常用软件在安装过程中的具体情况因不同软件而有所差异，但安装的方法是类似的，希望大家能举一反三，从而学会其他应用软件的安装。

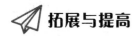 **实训操作**

1．上网下载迅雷下载软件并安装。

2．利用迅雷下载软件，下载影音播放软件并安装。

习　题

1．计算机病毒主要的传播途径有哪些？

2．什么是系统补丁？其作用是什么？

3．安装系统补丁的方法有哪些？

4．谈谈你对国产软件替代的看法

接入互联网

目前，计算机接入互联网的方式很多，有光纤、双绞线、无线等，本项目学习如何接入互联网和如何设置网络。

知识目标

了解互联网的各大运营商；了解接入互联网的各种接入方式；熟悉各种接入方式的不同之处。

能力目标

能够按照用户的不同需求选择运营商，以及根据不同的接入方式进行网络连接与设置。

岗位目标

了解互联网运营商的岗位业务，熟悉互联网接入技术，能够胜任互联网接入、互联网售后服务等工作。

任务 1　选择网络运营商

学习内容

如何选择网络运营商。

任务描述

了解网络运营商的特点，选择一个合适的运营商。

任务准备

每人准备好纸笔和 1 台能上网查询的计算机。

任务学习

1. 分析上网需求

每个家庭、单位或个人的上网需求都不一样，我们应根据实际需求，选择不同的接入方式，连接运营商网络。

（1）需要大量带宽的集体用户。集体用户一般是公司、网吧等用户。集体用户使用网络的人员多，对网络的带宽需求大，对网络的速度要求也比较高。这类用户可以通过组建 LAN，选择专用的光纤连接到运营商网络。

（2）家庭用户。目前，国家住房与城乡建设部要求在建商品房光纤入户，这类家庭用户接入互联网的方式，一般都是光纤直接入户，然后通过光猫连接家用无线路由器，搭建家庭网络环境，满足家庭用户的上网需求。随着家庭用户对上网的带宽需求越来越高，如在线观看视频、在线办公等，家庭互联网带宽也在不断升级。

（3）无线上网用户。除了有线接入互联网，无线接入也越来越普遍。无线接入最大的优点就是无须线缆连接，就可接入互联网。对于经常出差或者在一个地方停留时间不长的用户，没有条件或没有必要接入有线网络，所以多采用无线连接的方式接入互联网。

2. 了解互联网运营商

当前国内有几大网络运营商，同时经营了固定上网与移动上网的业务，但在不同的地方，其业务也有差别。

（1）中国联通。中国联通是目前国内三大网络运营商之一，经营光纤接入、ADSL 接入、

4G、5G、小区宽带等多种业务。中国联通的 Logo 如图 6-1 所示。

（2）中国电信。中国电信也是国内较大的运营商，其在南方的业务非常突出，主要经营光纤接入、ADSL 接入、4G、5G、小区宽带等多种业务。中国电信的 Logo 如图 6-2 所示。

图 6-1　中国联通的 Logo

图 6-2　中国电信的 Logo

（3）中国移动。中国移动原来是以移动手机为主的，近来并购铁通进入了固定业务市场，主要经营光纤接入、ADSL 接入、4G、5G 等多种业务。中国移动的 Logo 如图 6-3 所示。

（4）长城宽带。长城宽带是国内的专业网络接入运营商，主要经营小区网络接入等业务。长城宽带的 Logo 如图 6-4 所示。

图 6-3　中国移动的 Logo

图 6-4　长城宽带的 Logo

（5）广电宽带。广电宽带是自用家庭有线电视的剩余频带开展上网业务的一种方式，有别于 ADSL，其使用的是电视的同轴电缆，在同轴电缆连接末端接调制解调器，再连接计算机上网。

知识链接

选择运营商如同选择商品，面对多家运营商，我们在选择的时候要多方面考量，主要从以下几个方面来比较选择。

（1）网络运营商的线缆是否接入小区。

这是非常重要的一点，却常常被很多用户忽视。在安装网络前，一定要咨询小区物业或运营商，了解小区有哪几家运营商可以接入。

（2）网络带宽。

网络速度也是用户要重点考量的，经常有不少用户抱怨网速太慢，这可能是网络运营商在这个区域内接入的用户太多，网络带宽不够，从而造成网速变慢。因此，我们在选择运营商时，要弄清楚运营商能够提供多大的带宽，如 100M 带宽或 200M 带宽，但是我们要明白的是，运营商所提供 100M 或 200M 带宽的单位是 bit/s，也就是每秒传输多少位，不是每秒传输多少字节（8 位组成 1 个字节）。当运营商为我们接入互联网时，也会现场为我们测试网络带宽，以验证承诺。

（3）运营商的服务。

用户上网是接受运营商的服务的，当网络正常的时候大家感觉不到服务的重要性，一旦网络出现问题需要进行维修时，服务的问题就会特别突出。在选择运营商的时候应考查运营商的服务质量问题。要了解服务质量，可以咨询附近用户的使用体验，也可以直接咨询运营商，如网络速度偏低的时候如何处理，网络故障报修多少时限解决等。

（4）对比价格。

在了解了运营商的多个方面后，还是要了解运营商互联网接入价格。现在中国各大互联网运营商之间竞争激烈，各个运营商都推出了不同的优惠措施，如赠送话费、赠送上网时间、提高带宽等。

实训操作

自己列一个计划，调查一下附近的网络运营商的情况，选择一个运营商。

任务 2　设置互联网接入

学习内容

将计算机接入互联网。

任务描述

学习将计算机接入互联网的多种方式。

任务准备

每人 / 每组 1 台或多台计算机。

任务学习

1. 光纤入户接入互联网

目前，通过光纤接入互联网是主流，小型公司和家庭用户多采用光纤入户接入互联网，国内各大网络运营商均提供该服务。

下面以华为光猫（PON终端）+无线路由器为例，介绍光纤入户的网络设备安装与调试过程。

1）线路连接

安装网络设备前要先确定已开通网络服务，已购买光猫和无线路由器等设备，并拥有网线2或3根。光纤入户接入连接如图6-5所示。

（1）光猫和无线路由均接好电源。

（2）入户光纤接在光猫的光纤接口上（OPTICAL）。运营商会有工作人员上门把光纤接好。

（3）将一根双绞线网线的一端接在光猫的LAN1口上，另一端接在无线路由器的WAN口上，实现光猫与无线路由的连接。

（4）对于家庭用户，光猫的LAN2口可以连接IPTV机顶盒设备，机顶盒设备与电视机通过高清视频线连接，这样用户就可以通过电视机收看网络电视节目。

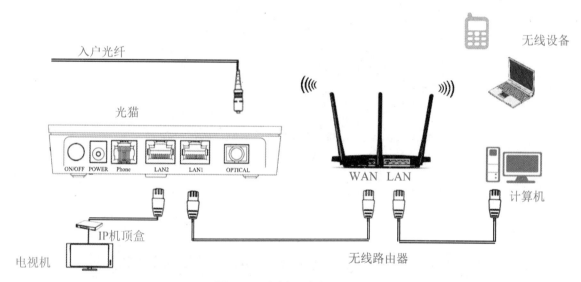

图6-5 光纤入户接入连接

（5）无线路由器LAN口可以通过双绞线连接多台计算机；笔记本式计算机、平板式计算机、手机通过连接无线路由发出的Wi-Fi信号上网。

2）配置光猫

步骤1：先通过网线将计算机与光猫（PON终端）的LAN1口连接。

步骤2：查看光猫（PON终端）的铭牌，如图6-6所示。设置计算机的IP地址与光猫（PON终端）的管理IP地址在同一网段（也可以设置为自动获取方式），如图6-7所示。

步骤3：在浏览器地址栏输入"http://192.168.1.1"后按Enter键，进入登录界面。

步骤4：在如图6-8所示的登录界面，输入用户名和密码（出厂默认的用户名和密码见设备底部的铭牌），然后单击"登录"按钮。密码验证通过后，即可访问Web页面。

图 6-6　光猫的铭牌

图 6-7　设置计算机的 IP 地址

图 6-8　登录界面

步骤 5：上网账号设置如图 6-9 所示。在"网络"选项卡中，单击"宽带配置"按钮，进行上网账号设置如图 6-9 所示。

图 6-9　上网账号设置

拨号方式选择自动（自动拨号上网方式是指在设备开机后即自动进行 PPPoE 上网拨号，拨号成功后，计算机等终端连接到设备即可上网，无须计算机等终端设备再做上网拨号），并输入用户名、密码，单击"应用"按钮即设置成功，如图 6-10 所示。

图 6-10　选择拨号方式并输入用户名、密码

3）配置无线路由器

步骤 1：更改计算机网络适配器设置。在确保将计算机与无线路由器正确连接的前提下，右击桌面上的网络图标，在弹出的快捷菜单中选择"属性"命令，如图 6-11 所示。此时弹出"网络和共享中心"窗口，并单击左侧的"更改适配器设置"按钮，打开"网络连接"窗口，如图 6-12 所示。

图 6-11　选择"属性"命令

图 6-12　"网络连接"窗口

步骤 2：设置计算机的 IP 地址。右击本地连接图标，在弹出的如图 6-13 所示的快捷菜单中选择"属性"命令。此时弹出如图 6-14 所示的"本地连接属性"对话框，在该对话框中勾选"Internet 协议版本 4（TCP/IPv4）"复选框，单击"属性"按钮，弹出"Internet 协议版本 4（TCP/IPv4）属性"对话框，如图 6-15 所示，查看是否选择了"自动获取 IP 地址"和"自动获取 DNS 服务器地址"两个单选按钮，若没有，则选择这两个单选按钮。

图 6-13 "本地连接"的快捷菜单

图 6-14 "本地连接 属性"对话框

图 6-15 "Internet 协议版本 4（TCP/IPv4）属性"对话框

步骤 3：登录管理界面。打开浏览器，清空地址栏并输入"192.168.1.1"，如图 6-16 所示。

图 6-16 清空地址栏并输入"192.168.1.1"

注 意

　　不是所有品牌的路由器都使用"192.168.1.1"登录，路由器的具体管理地址建议在设备背面的铭牌上查看。

　　初次进入路由器管理界面，为了保障你的设备安全，需要设置路由器的管理密码，请根据界面提示进行设置，如图 6-17 所示。

为保护设备安全，请务必设置管理员密码

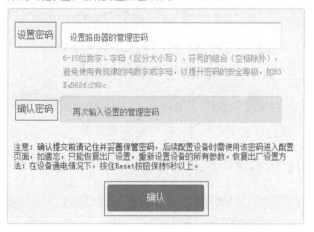

图 6-17 设置路由器的管理密码

注意

部分路由器需要输入管理用户名和密码，请查看路由器背面的铭牌。

步骤 4：按照设置向导设置路由器，如图 6-18 所示。

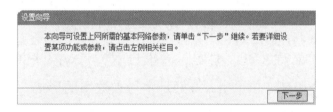

图 6-18 设置向导

进入路由器管理界面后，单击"下一步"按钮，进入上网方式设置界面，如图 6-19 所示。

光纤入户上网方式一般为"PPPoE（ADSL 虚拟拨号）"方式，如果不清楚上网方式，可选择"让路由器自动选择上网方式（推荐）"单选按钮，再单击"下一步"按钮。

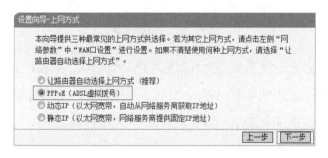

图 6-19 上网方式设置界面

路由器会检测网络环境，并进入 PPPoE 设置界面，如图 6-20 所示。输入运营商提供的宽带账号和密码，并确定该账号和密码输入正确。

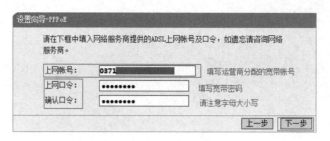

图 6-20　PPPoE 设置界面

单击"下一步"按钮，进入无线设置界面，如图 6-21 所示。

图 6-21　无线设置界面

"SSID"即无线网络名称（可根据实际需求设置），"WPA-PSK/WPA2-PSK PSK 密码"是无线上网时的密码，密码是 8 位以上，最好是字母加数字的形式。设置好后单击"下一步"按钮，完成路由器设置，如图 6-22 所示。

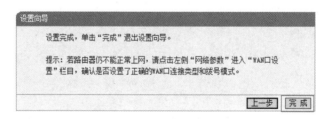

图 6-22　完成设置

步骤 5：确认设置成功。设置完成后，进入路由器管理界面，选择"运行状态"选项，查看 WAN 口的状态。图 6-23 所示的 WAN 口状态表示设置成功。至此，网络连接成功，路由器已经设置完成。计算机连接路由器后无须进行宽带连接拨号，直接可以打开网页上网。如果还有其他计算机需要上网，用网线直接将计算机连接在 1\2\3\4 接口上即可尝试上网，不需要再配置路由器。如果是笔记本计算机、手机等无线终端，通过 Wi-Fi 无线连接到路由器直接上网即可。

2．通过 ADSL 接入互联网

通过 ADSL 接入互联网是借助电话线来实现接入。

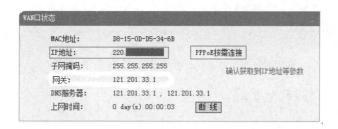

图 6-23　WAN 口状态

1）线路连接

将电话线插入 ADSL 的电话接口。

将网线的一端连接 ADSL 的 COMPUTER 插孔。

将网线的另一端连接计算机的网卡接口。

将 ADSL 的电源线连接好，打开电源，连接完成。ADSL 连接如图 6-24 所示。

2）ADSL 连接设置

以 Windows 7 操作系统为例，具体介绍 ADSL 连接设置的过程。

右击桌面上的 Internet Explorer 图标，在弹出的快捷菜单中选择"属性"命令，弹出"Internet 属性"对话框，选择"连接"选项卡，然后单击"添加"按钮。

接着会弹出一个新窗口，直接选择窗口中"宽带（PPPoE）（R）"这个默认选项。

最后在弹出的如图 6-25 所示的"连接 宽带连接"对话框中，输入办理宽带时运营商提供的用户名和密码，连接名称默认为宽带连接，当然也可以修改成自己喜欢的任何名称，然后单击"连接"按钮。

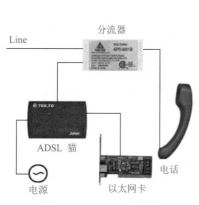

图 6-24　ADSL 连接

图 6-25　"连接 宽带连接"对话框

如果信号正常，账号和密码输入正确，就可以正常接入互联网了。

3．通过以太网接入互联网

通过以太网接入互联网是针对已经局域网中的用户来说，只需一根网线就可以实现接入，然后对计算机进行网络设置，就可以上网。

1）制作网线

先测量计算机网卡接口到网络信息模块的距离，确定需要网线的长度，然后根据网线制作的要求，制作一根直通线或交叉线。

2）设置计算机

进入计算机的网络设置界面，在 Windows 10 操作系统中的操作步骤如下：右击网络图标，在弹出的快捷菜单中选择"打开网络和 Internet 设置"命令，弹出"设置"窗口，然后单击以太网图标，选择"更改适配器"选项，弹出"网络连接"窗口。在该窗口中右击以太网图标，在弹出的快捷菜单中选择"属性"命令，弹出"以太网 属性"对话框，然后双击"Internet协议版本 4（TCP/IPv4）"选项，弹出其属性对话框，如图 6-26 所示。

在图 6-26 中，按照局域网的 IP 地址规划去设置本机的 IP 地址、子网掩码、默认网关、DNS 服务器地址。

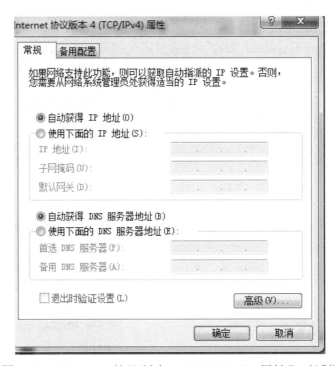

图 6-26 "Internet 协议版本 4（TCP/IPv4）属性"对话框

4．无线接入互联网

无线接入互联网的用户主要通过无线网卡，通过 Wi-Fi 接入互联网。笔记本式计算机自带无线网卡，直接通过 Wi-Fi 就可接入互联网，而台式计算机则需要配备一个无线网卡接入互联网。无线上网卡连接方法如下。

（1）打开无线上网卡的后盖将 SIM 卡插入卡槽，将上网卡插入计算机的 USB 接口中。无线上网卡的连接如图 6-27 所示。

（2）计算机的操作系统将自动识别安装驱动程序。

（3）安装上驱动程序之后，单击桌面任务栏右下角的网络图标，显示搜索到的所有 SSID，连接用户的 SSID。

（4）输入 Wi-Fi 密码，即可使用无线网卡上网了。

图 6-27　无线上网卡的连接

 知识链接

1. ADSL

ADSL（Asymmetric Digital Subscriber Line，非对称数字用户线）是一种数据传输方式，是早期利用电话线接入互联网的方式，现在已经被光纤接入所取代。ADSL 接入的上行和下行带宽不对称，因而称为非对称数字用户线。它采用频分复用技术把普通的电话线分成了电话、上行和下行 3 个相对独立的信道，从而避免了相互之间的干扰。即使边打电话边上网，也不会发生上网速率和通话质量下降的情况。通常 ADSL 在不影响正常电话通信的情况下可以提供最高 3.5Mbit/s 的上行速率和最高 24Mbit/s 的下行速率。但这是最高理论值，实际值以 ITU-T G.992.1 标准为例，ADSL 在一对铜线上支持的上行速率为 512Kbit/s ～ 1Mbit/s，下行速率为 1 ～ 8Mbit/s，有效传输距离为 3 ～ 5km。

2. 光猫

光猫泛指将光以太信号转换成其他协议信号的收发设备。光猫是光 Modem 的俗称，有着调制解调的作用。光猫又称单端口光端机，是针对特殊用户环境而设计的产品，它是利用一对光纤进行点到点式的光传输的终端设备。单端口光端机一般适用于用户端，其作用类似于常用的局专线（电路）联网用的基带 Modem。该设备作为本地网的中继传输设备，适用于基站的光纤终端传输设备及租用线路设备。光猫如图 6-28 所示。

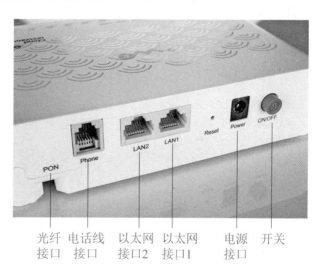

| 光纤 | 电话线 | 以太网 | 以太网 | 电源 | 开关 |
| 接口 | 接口 | 接口2 | 接口1 | 接口 | |

图 6-28　光猫

拓展与提高

用户经常要上网查找需要购买或者用于对比的硬件设备，那么哪些网站是硬件设备的权威网站呢？

（1）中关村在线。

中关村在线是中国领先的 IT 信息与商务门户，依托中国最大的 IT 基地中关村，其信息无论在速度、可信度还是信息量等方面都很领先。

（2）天极网。

天极网以"引领数字消费"为理念，面向广大的 IT 消费者和爱好者，提供 IT 产品的行情报价、导购、应用、评测、软件下载等资讯内容和互动平台。天极网是体现企业产品价值，引导用户实现精准购买的核心专业网络媒体。

（3）太平洋电脑网。

太平洋电脑网包含今日报价、DIY 硬件、数字家庭、产业资讯、摄影部落、随身听、数码相机、手机、下载中心、GPS 栏目、笔记本计算机、产品库等频道。

实训操作

1．结合自己的使用经验，通过网络查找，列出各种网络接入方式的优劣对比表。

2．根据自己家庭的使用要求，选择相适应的无线上网方式，再设置一下无线上网环境，至少满足一台台式计算机、一台笔记本计算机和一部手机的上网要求。

习　题

谈谈如何通过互联网接入技术保护用户的网络安全？

项目 **7**

分析客户需求

📖 知识目标

了解客户需求；掌握向客户推荐产品的原则，掌握市场营销常用的礼仪和营销语言。

📝 能力目标

了解客户需求，为客户推荐相应的计算机产品；熟练进行礼仪接待；熟练与客户进行交流，锻炼观察、分析和学习能力；进行自主学习和小组合作学习，锻炼合作、交流和协商能力。

📚 岗位目标

能够分析客户需求，从而胜任计算机市场销售的工作。

任务 1　了解客户的需求

学习内容

与客户交流，了解客户的真实需求。

任务描述

练习如何与客户交流，了解客户的购买意愿，以便进一步为客户服务。

任务准备

学生进行分组，以小组为单位进行学习。

任务学习

了解客户需求是整个营销过程的核心环节。如果不知道客户的需求，就贸然向客户推荐商品，不仅会让客户反感而不购买商品，还浪费自己的时间；相反，如果对客户的需求认识得十分清楚，在满足客户需求的同时，还可以推荐自己公司的优势产品，达到双赢的效果。

我们把了解客户需求的过程归纳为"五问三讲一讨论"。了解客户需求的过程如表 7-1 所示。

表 7-1　了解客户需求的过程

环　节	主要内容	内容分析
一问	使用者	您购买计算机是给谁用呢？这个简单的问题，可以让我们明白计算机的使用者是哪个级别的用户，就可以大体知道这类用户需要使用的产品的情况。例如，给学生学习使用的计算机不需要高分辨率的显示器，而网吧使用的机器则应该有集成度比较高的主板，同时要求机器的速度比较快
二问	用户能力	您是更新机器还是购买新的机器呢？以前用的是台式计算机还是笔记本式计算机呢？类似这样的问题，可以让我们了解客户对计算机的使用能力，从而判断客户对计算机的要求。例如，一个客户现在是给自己更新计算机，他肯定会选择中档偏上的机型。如果一个客户以前用的是笔记本式计算机，我们此时就应该根据他这次的意向，向他推荐性能稳定的笔记本式计算机或者性能优越的台式计算机
三问	购买用途	您是用来学习、游戏还是办公呢？客户对此类问题的回答一般会比较笼统，基本上是既想办公，又想游戏。但这也从一个侧面告诉我们这个用户对产品的性能需求。如果一个用户是用机器来做大型图像处理的，他肯定不会说办公用，也不会对游戏性能提出要求，会直接提出机器和图像处理要求。所以，从购买用途的分析上可以知道用户选购机器的理想配置

环　节	主要内容	内　容　分　析
四问	心理价位	您希望购买什么价位的机器呢？如果客户愿意说出自己的心理价位，我们就可以根据客户的目标，为他们选择性价比合适的计算机产品。如果客户不愿意说出自己的心理价位，而让我们进行介绍，则应该从较低价位的机器开始讲，这样可以让客户潜意识中感觉自己越来越有消费地位。但最多讲 4 个价位，否则会造成客户认识上的混乱
五问	总结确认	您还有什么具体的要求吗？我们再确认一下这款机器如何？这些问题是在征求客户意见的同时，请客户确认一下自己的需求，给我们明确的购买意向。这时，营销人员就十分明确客户想要什么样的机器，可以根据自己公司的情况为客户列出配置单
一讲	产品卖点	这台机器性能……这款计算机相比其他计算机的独到之处是……这样的讲解，不仅可以让客户体验到我们周到的服务，对公司产生好感，还可以让客户认识到自己购买商品的优点，在使用的时候突出这些优点，同时可以在向别人炫耀时讲这些卖点，间接为我们做宣传
二讲	客户利益	这款机器可以让您……您的公司使用这些外设后……这样的说明可以大大缩短销售人员与客户之间的距离，让客户认为我们不仅仅是为了赚钱，更是为了他们而考虑。这样客户在体验了我们为他们做的利益分析后会十分满意，并且将会成为回头客
三讲	公司优势	我们公司的产品……我们的售后服务政策是……这些看起来简单的说明，会让客户体验到公司的实力与对待客户的真诚，为赢得客户信任加分
一讨论	与客户讨论其他的问题	此时应该是客户在等待机器到位或者迟迟不能决定购买的时候，可以与客户讨论相关的 IT 知识、产品特性、发展趋势等，在这些讨论中，客户会显露出他们的兴趣方向、购买意向，以及以后的购买准备，为我们提供更多的信息

知识链接

销售人员在与客户谈话销售过程中，要注意哪些说话技巧呢？

（1）不要与客户针对某个问题争辩。

与客户争辩解决不了任何问题，只会造成客户的不满或者反感。

（2）不要质疑客户。

销售人员与客户交流沟通时，要尊重并理解客户的思想与观点，用质问或者审讯的口气与客户谈话，是最伤害客户的感情和自尊心的。不要用命令的口气和语言与客户交流。在与客户交谈时，态度要和蔼，语气要柔和，做到不卑不亢、吐字清晰、条理分明。

（3）不要向客户炫耀。

当与客户谈到自己和公司时，要实事求是地介绍，稍加赞美即可，万万不可忘乎所以、得意忘形地自吹自擂，特别是公司的规模有多大、实力有多强等。这样就会人为地造成双方的隔阂和距离。

（4）说话不能过于直白。

我们在与客户沟通时，如果发现他在认识上有不妥的地方，不要直截了当地指出。多数人忌讳在众人面前丢脸、难堪，因此销售人员说话不要过于直白。

（5）介绍产品等信息尽量避免专业术语。

在推销产品时，尽量避免专业术语。

（6）鼓励客户多说话。

交流不是一个人在说话。与客户谈话时要鼓励对方讲话，多让客户说话，以便了解客户个人的基本情况，理解他内心的想法，了解他的需求。切忌一个人唱独角戏。

任务 2　接待客户

学习内容

商品摆设与店面布置、接待上门购买计算机的客户。

任务描述

了解商品摆设与店面布置；学习客户接待，让客户能够身心愉悦地在我们的门店中选择自己需要的产品。

任务准备

将学生分组，以小组为单位进行学习。

任务学习

1. 了解商品摆设与店面布置

我们都去过各种各样的商场与卖场，对于各种商品的布置也见过许多。但对于计算机产品，商品摆设与店面布置应该如何进行呢？

商品摆设和店面设计要尽量满足客户的需求。在店面设计时要分析整体的布局，把主流商品摆放在醒目的位置。

在进行计算机硬件摆设时还有以下问题要特别注意。

（1）计算机的设备体积比较小，在陈列时可以带上包装，如CPU、内存、硬盘、显卡、加密狗、无线网卡、鼠标、内存卡等，都可以将实物从包装中取出，放在包装盒上，再摆放到陈列柜中，并将同一类产品放在一排，便于客户选择，这样可以使产品看起来比较醒目。图7-1所示是三星产品的展示柜，其中大部分产品带有包装。

（2）计算机的外设体积比较大，应该放在相对位置较低、容易全面俯视，并且能稳定支撑的位置。很多公司直接将打印机等外设的样品摆放在高度1m左右的展台上，客户可以很轻松地看到。

（3）因为计算机产品的性能指标很多，各个产品的差别也比较大，可以在进行商品摆放时制作一些标签，把产品的优势性能指标写在标签上，摆放在产品前面，这样不仅可以清晰地展示产品优势，还可以达到吸引客户的效果。

图 7-1　三星产品的展示柜

（4）在进行店面布置时，可以将产品的品牌牌匾、主打广告语等布置在店面中显眼的位置，这样可以让客户一进门就感觉到强烈的品牌冲击力。微星品牌的展示如图 7-2 所示，在这个展示中，微星科技的信息位于整个场面的正中，给客户强烈的视觉感。

图 7-2　微星品牌的展示

2．客户接待礼仪

店面中接待客户的礼仪主要有以下内容。

1）保持职业仪态

（1）服装——必须按照规定穿着制服，且随时保持清洁、整齐。

（2）头发——保持清洁，勤于梳洗，发型大方得体，避免奇异的发型。

（3）化妆——以清洁自然为原则，切忌浓妆艳抹，指甲要勤修剪，保持清洁。

（4）表情——保持温柔甜美的笑容，表情端庄，且随时保持愉快的心情，不可有冷若冰霜的态度。

（5）姿势——腰挺直，不可弯腰驼背、左右倾斜和东靠西倚。

（6）鞋袜——鞋要以大方得体、配合服装为原则，不可穿着奇形怪状或没有带子的拖鞋；丝袜以接近肤色为宜。

2）使用礼貌用语

当向客户推介商品时，或者欢送客户时，可以随时随地运用下列 8 种礼貌用语。

（1）"您好，欢迎光临"——当客户接近店柜时，面带微笑地说出："您好，欢迎光临！"对客户要怀着感激的心情打招呼。

（2）"谢谢"——当客户决定选购时、接到款项时、找还零钱时、交接商品时，以及送客时等，可多次使用。

（3）"请稍候"——当要暂时离开客户或不得已要让客户等待时，使用"请稍候"或"请稍等一下"，并可附加稍等的理由及需要的时间。

（4）"让您久等了"——只要是让客户等候，即使只是一小会儿，也要说这句话来缓和客户的心情，带给客户安心和满足感。

（5）"知道了"或者"好的"——当了解客户的吩咐和期望时，清晰明快的回答可以给客户留下深刻的印象。但是，一定要在清楚地明白客户所吩咐的内容之后再回答。

（6）"不好意思"或者"抱歉"——发现客户的愿望无法实现时所使用的话，它隐含尊敬的意思，对客户谦虚地表达，可提高服务的亲切感。

（7）"对不起"——与客户接触的过程中，发现客户感到任何不快时所使用的话。

（8）"请再度光临"——待客结束时使用，不能认为客户不买就不用说，也不能认为客户购买完了就结束了，应希望客户能够继续关照以后的生意。

3）适宜得体的行为

（1）不能用手抱臂放在胸前，这给人一种拒人千里之外的感觉。

（2）坐下后，应尽量坐端正，把双腿平行放好。与客户谈话时，要平视对方，不得傲慢地把腿向前伸。

（3）因为多有数名营销人员同时工作情况，在公司内与同事相遇，或者与其他同事接待的客户处于较近距离时，应点头行礼，表示致意。

（4）与客户握手时用普通站姿，并目视对方的眼睛。握手时脊背要挺直，不弯腰低头，要大方热情，不卑不亢。因为客户是我们的上帝，所以当看到有熟悉的客户上门时，应该主动伸手，热情迎接。

（5）递交物品时，如递送说明书等，要把正面文字朝向对方递上去，如是钢笔，要把笔尖向着自己，使对方容易接着；至于刀子或剪刀等利器，应把刀尖向着自己。

图 7-3 所示是握手的礼仪与等待客户的场景。

图 7-3　握手的礼仪与等待客户的场景

知识链接

礼仪是人们在社会交往中形成的相互表示敬意和友好的行为规范与准则，具体体现为礼貌、礼节、仪式等形式。对个人来说，礼仪是一个人内在修养和素质的外在表现；对社会来说，礼仪是一个国家和地区社会文明程度和道德风尚的反映。崇尚礼仪，是中华民族的优良传统，也是现代社会公民必备的基本素质和精神追求。

礼仪的内容非常多，针对不同的场合、不同的人员，有不同的要求。在此，我们来了解一下交谈礼仪和名片礼仪。

交谈礼仪。交谈中要以客户为中心，掌握说与听的分寸，少说多听、不打断、不质疑。在自己说话的时候，要神态自若，声调要低，语速要慢，要让对方听懂，不用专业术语，不用方言，要讲普通话。

名片礼仪。发放名片时，双手拿着自己的名片，将名片的方向调整到最适合对方观看的位置，不必提职务、头衔，只要把名字重复一下，发放顺序要先职务高后职务低，由近及远，圆桌上按顺时针方向开始，递交时还可以使用敬语"认识您真高兴"或"请多指教"等。如果对方也和你交换名片，要双手接过对方的名片，简单地看一下内容，轻声念出对方的名字，不要直接把名片收起来不看，也不要长时间拿在手里不停摆弄，更不要在离开时把名片漏带，应将名片放在专用的名片夹，或放在其他不易折损的地方。

拓展与提高

1. 店面陈列的技巧

IT 店面的陈列和店面服务是一个老生常谈的问题，但如何才能掌握这一领域的技巧、方法并有所创新呢？

有专业的调研公司做过统计，如果能够正确地运用店面产品的陈列和展示技术，销售额会提高10%。那么，店面的商品到底要怎样陈列呢？

（1）突出主题，选择主打。哪些产品适合当主打呢？主要有两种：一种是利润低但销量大的产品；另一种是刚刚上市的新产品，这类产品往往在价格不透明的情况下，利润最高。

（2）把最热销的产品放在店面的右端。它的原理是客户浏览商品时，通常会从左向右环视，因此商品应从左向右排列（人们看书时同样是从左向右读），右侧的商品会让人感受到强烈的存在感，这样将大大增加产品受瞩目和被购买的概率。

（3）巧用颜色，创造焦点。店面的色彩搭配已经成为很多店面必须注重的一个重要环节。如果想吸引年轻的客户或者产品属于时尚型产品，可以搭配蓝色、黄色与橙色这种给人快乐、跳跃感觉的色彩，这容易引起年轻客户的注意。如果想吸引商务人士，可以做黑色与红色的搭配陈列，增添一份华丽感，这个群体往往追求稳重、大气，这种低调、稳重的颜色能够引起他们的关注。如果想吸引白领阶层，可以使用间接照明的灯光效果。卖场中分直接照明和间接照明。间接照明可以产生朦胧的美感，这种感觉更容易得到这个群体的认同。

（4）计算机屏幕背景也是宣传点。当在产品色彩较为单一的情况下，就必须找些亮色的配饰进行搭配，这时可以从屏幕背景的设置方面入手。不少店面的人员没有意识到这一点，他们认为计算机开机就可以了，其屏幕往往是一些平常的蓝天白云桌面，没有亮点，其实还可以放些差异化或与众不同的图片。例如，适合家庭用的产品，就放些类似孩子弹钢琴的画面或三口之家的温馨照片。

2．如何寻找新产品的卖点

新产品上市能否寻找到恰当的卖点，是能否达到产品畅销、建立品牌的一个十分重要的方面。"卖"是营销、推销、促销等销售行为的总称；"点"指的是我们平常所说的"点子"，也就是"创意"的意思。因此，"卖点"的含义就是商品在从事营销、推销、促销时的"创意"。

（1）产品的目标市场定位。要根据消费者的需要、竞争对手的特点等一系列情况，确定产品的真正消费群。一个准确的市场定位是提炼恰当卖点的重要基础。

（2）寻找到消费者购买本产品的理由。在对产品整体概念的审视、挖掘、整合的过程中，要找到消费者购买本产品的理由。

（3）引用权威言论。使用权威杂志的测评报告或国家权威部门的检测数据等向客户说明产品的性能是最有说服力的方法。

（4）最新技术的推广。最新的技术永远是IT市场上最好的卖点。这与IT行业技术进步快、市场变化快是密不可分的。所以，我们在营销过程中要时刻注意新技术的推出，将新技术的优点和应用，向客户详细说明。

实训操作

1．学生进行分组，由一个学生扮演店面营销人员，一个或两个学生扮演客户，模拟自己要购买一台计算机的过程，注意在交谈的过程中如何互相把握说明需求、了解需求。

2．在进行练习的过程中，可以利用课前准备的桌子、凳子，模拟 IT 公司的店面，并注重细节，如开门、握手、让座、倒水、交流、记录等内容，让双方达成一致。

3．在开始练习前上网找一些资料，准备充分后再进行练习，练习中可以模拟要购买台式计算机、笔记本式计算机、打印机、播放器等各类 IT 产品。

4．在接待购机客户时，如何与客户有效沟通？

选配计算机

如何选配一台适用、性价比高且满意的计算机，是许多购买者关心的问题，本项目将学习如何选配不同用途的计算机，从计算机各部件的性能指标、品牌、价格等方面考虑，进行计算机选配。

📚 知识目标

了解配置单的组成、作用、配置方法；掌握交付客户的整个流程，相关交接重点，各个测试方面的测试目标、测试方法、测试结果。

📝 能力目标

能够根据客户的需要及计算机配件的性能指标，进行常用机型的配置；能够熟练使用工具软件，对配置的计算机进行全面的测试。

📗 岗位目标

熟练向客户推荐理想配置的机型，从而胜任计算机市场销售工作；熟练掌握交付过程，从而胜任计算机市场营销、装机、售后等工作。

任务 1　选配办公台式计算机

学习内容

选配计算机原则；品牌机与兼容机；选配办公台式计算机。

任务描述

通过查看计算机配件的性能指标、品牌，配置办公台式计算机。

任务准备

学生进行分组，以小组为单位进行学习，准备多台可上网的计算机，以便于学生上网查找配件的性能与价格。

任务学习

1. 选配原则

普通消费者在购买计算机时会迷茫，不知如何选择，是选品牌机还是组装机、选价格昂贵的还是便宜的、选择性能高的还是一般的？要解决这些问题，先要了解购买计算机的几条原则。

1）"适用性"原则

消费者在选购计算机前，先要明确购买计算机的用途。如果是为了学习、办公或浏览网页，那么购买配置较低的计算机即可。市场上销售的计算机，整体性能足以满足一般用途需要。如果购买者是游戏玩家或用于平面设计，就需要购买性能高的计算机，选用大容量存储和高品质的显卡，才能够满足使用者的要求。

计算机产品更新换代速度极快，芯片集成度每 18 个月就会翻倍，若片面地追求高配置却使用不到它的全部功能，这是一种资源和资金的浪费，因此消费者选购计算机时的指导原则应当是"够用、适用"。

2）"扩充性"原则

在购机需求分析时要具有一定的前瞻性，选购具有扩充性能好的计算机。这一方面因为计算机硬件的更新换代快，另一方面因为用户的需求也会发生变化。也许今天只有打字、上网等简单需求，但随着计算机水平的提高，用户会有新的应用需求，可此时计算机的配置已经满足不了用户的需求，需要对计算机进行升级，这要求计算机具有很好的扩充性。

3）"兼容性"原则

选购计算机不仅要关注CPU档次、内存大小、硬盘容量、主板等硬件的性能指标，还要考虑各硬件之间的兼容问题，这要查看各个硬件的性能指标，判断它们之间是否兼容。一台性能卓越的计算机是一个完整的系统，包括硬件系统和软件系统，并且二者要相互兼容，所以在选购计算机时，兼容性原则是非常重要的。

2．品牌机与组装机

选择品牌机还是组装机，是人们选购计算机时常常面对的一个问题。其实所有的品牌机都是组装机，只不过品牌机是大批量采购组装后经过测试，印上自己的品牌，然后利用自己的销售网络进行销售。下面从几个方面来比较品牌机与组装机。

1）稳定性方面

品牌机的配件采用大批量采购，有自己独立的组装车间和测试车间，有自己的品牌理念，在生产过程中要经专家严格测试、调试及长时间的烤机检验，这样避免了机器兼容性的问题；组装机没有良好的组装环境和测试环境，虽然有时也会进行一定的测试，但毕竟没有专业的技术和检测工具，而且烤机的时间有限，容易出现兼容性方面的问题。

2）灵活性方面

品牌机的配置一般情况下不能更改或更改的余地很小。品牌机要考虑稳定性，一般它的配置固定，有的甚至不让用户随意改动，这对用户的后续升级不利。而组装机的配置比较灵活，完全可以根据自己的需要和经济条件来进行配置，后续升级将会方便一些。

3）价格方面

品牌机的价格比相同配置的组装机的价格高，因为品牌价值在里面，还有售后服务、门面等。越是大品牌越是利润高。例如，5000元的品牌计算机，厂家组装成本大约是4000元，剩下的1000元就是品牌价值、售后服务、经销商的利润等。相同的配置，组装机绝对不会超过4200元。

4）售后服务方面

品牌机的售后服务一般是主要硬件3年，软件1年免费质保。而组装机的售后服务一般为软件3个月免费服务，硬件的质保根据你选择的硬件的品牌来决定质保时间，如CPU有3年质保和1年质保，买3年就是3年质保，买1年就是1年质保，损耗品一般质保3个月。买品牌机就是买服务，买组装机就是实惠。品牌机的针对对象是公司和完全不懂计算机的人群，而组装机是针对有点计算机知识，还想要实惠的人群。

综上所述，硬件知识不熟，机器出现问题不会解决的用户可考虑买品牌机；有丰富的硬件知识，有选购经验且会处理软件和硬件问题的用户可考虑购买组装机。

3．选配办公用台式计算机

1）选配品牌计算机

以联想启天 M435（i5-10400/8GB/256GB/ 集显）台式计算机为例，学习品牌计算机的配置。品牌计算机的配置单如表 8-1 所示。

表 8-1 品牌计算机的配置单

型 号	联想启天 M435	备 注
主板	Intel 主板	
CPU	Intel 酷睿 i5-10400（6 核 12 线程，14nm，L3 9MB）	
内存	8GB DDR4	
内存插槽	2 个 DIMM 插槽，最大支持容量 32G	
硬盘	256G 固态 硬盘	
显卡	集成显卡，共享内存容量	
网卡	1000Mbit/s	
声卡	集成	
数据接口	10 个 USB3.1 接口	
音频接口	1 个耳机输出接口，1 个麦克输入接口，3 个音频接口	
视频接口	1 个 VGA，1 个 HDMI 接口，1 个 DVI 接口	
网络接口	1 个 RJ45 接口	
键盘	有线键盘	
鼠标	有线鼠标	
价格	3596 元	

该配置只配置了主机，需要再为其配置上显示器，就是一台完整的、办公用的品牌台式计算机。

2）选配组装机

根据选配原则，选择主流的计算机硬件，然后自己动手组装用于办公的台式计算机。组装计算机的配置单如表 8-2 所示。

表 8-2 组装计算机的配置单

配 件	品 牌 型 号	价格 / 元	备 注
主板	铭瑄 MS- 挑战者 B360M	599	
CPU	Intel 酷睿 i5-8400	1399	
内存	金士顿 HyperX Savage 8GB DDR4 3000	499	
硬盘	希捷 Barracuda 1TB 7200 转	299	
显卡	七彩虹 GT720 黄金版 -1GD3	239	
网卡	集成	—	
声卡	集成	—	

续表

配　件	品牌型号	价格/元	备　注
机箱	普易达 108	116	
电源	普易达 ATX-350W 静音版	99	
显示器	AOC E2070SWN	490	
键盘	新贵 KM-201 键鼠套装	40	
鼠标	同上	—	
音箱	金河田 M2200	56	
合计		3836 元	

知识链接

1. 集成显卡

集成显卡是将显卡集成在主板的北桥芯片上或集成在 CPU 上，早期集成显卡是集成在主板上，现在都集成在 CPU 上。独立显卡就是独立的显示芯片，它本身是一张独立的卡，通过显卡插槽与主板连接。

2. 独立显卡

独立显卡适用于对显示要求较高的用户，如专业的游戏玩家、绘图或是视频编辑方面的用户，而集成显卡适用于办公的客户或普通游戏玩者。

拓展与提高

主板是计算机中电子元件最丰富的硬件，它是计算机所有硬件的载体，组成了计算机的主要电路系统以及重要驱动芯片元件。它最大的作用就是作为硬件数据交互和电力的传输纽带。主板作为计算机硬件的载体，理论上只要能物理兼容，即使用低端主板搭配高端 CPU、显卡等硬件攒机，也可以正常使用，不过这样的搭配无法保证其性能，因为主板的质量也会影响其他硬件性能的表现。主板的"板"其实就是一个电路板，会因为选择不同的电感、电阻、芯片等及走线而有不同的数据交互表现。高端主板会精选元件和走线布局，让其他硬件能力充分发挥，如 CPU，它最消耗主板的供电能力，高端主板供电系统强大可以让高端处理器性能释放，可以进行超频等进阶，而低端主板供电能力不行，轻则降低处理器性能，重则蓝屏死机。

除了数据交互，主板也是计算机拓展能力的关键。主板上面有各种类型的插槽，这些插槽就是与 CPU、显卡、内存等硬件连接的接口，而大部分时候我们都不可能将这些插槽接口全部用到，剩余的接口插槽我们就可以进行拓展升级。比如，PCIE×1 插槽，这个插槽大部分人可能用不到，但它其实可以拓展电视卡、网卡、声卡等硬件，每个主板基本都有一个，高端主板甚至会准备 3 ～ 4 个以上，这种拓展能力，是其他硬件无法具备的，可以让用户更灵活地支配自己的计算机。

因为能承载所有硬件，主板还是我们维修计算机的帮手，主板上面有监控芯片，可以实时监控计算机的运行情况，有些高端主板也自带故障检测灯甚至监测屏，可以外接检测装置，帮助用户快速找到计算机问题所在。总的来说，主板作为一个载体、一个平台，它会影响所有硬件的发挥，也决定着整机的性能表现。

 实训操作

学生进行分组，每组模拟配置一台经济实用型的计算机，并将配置单完整地写出来。

任务 2　选配电竞游戏台式计算机

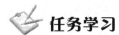 **学习内容**

选配电竞游戏台式计算机。

任务描述

通过查阅中关村在线网站，模拟选配一台电竞游戏台式计算机。

任务准备

学生进行分组，每组 2 ～ 4 人，每组每人准备好纸笔，每组都要有可以上网的计算机，以便学生上网查找配件的性能与价格。

任务学习

1. 选配游戏台式计算机

以 ROG 光魔 G35 为例来学习选配电竞台式计算机。ROG 光魔 G35 电竞台式计算机配置单配置单如表 8-3 所示。

表 8-3　ROG 光魔 G35 电竞台式计算机配置单

配　　件	品　牌　型　号	备　　注
主板芯片组	AMD X570	
CPU	AMD Ryzen 9 3000 系列 /16 核芯 /32 线程 /L3 64MB/7nm	

续表

配　　件	品　牌　型　号	备　　注
内存	DDR4　64GB 3200MHz	
硬盘	2TB SSD 固态硬盘	
显卡	NVIDIA GeForce RTX 2080Ti　11GB 显存	
机箱	立式，黑色，501mm×433mm×279mm	
电源	700W	
数据接口	6×USB 3.0，3×USB 3.1，2×USB 3.0 Type-C， 1×USB 3.1 Type-C	
音频接口	5× 耳机 / 麦克风两用接口，1× 耳机输出接口， 1× 麦克风输入接口	
视频接口	1×DisplayPort，1×HDMI	
网络接口	1×RJ45	
扩展插槽	2×PCI-E X16，1×PCI-E X4，2×PCI-E X1，2×M.2	
价格	26999 元	

对游戏玩家来说，在选配计算机时，非常关注计算机的频率，有些游戏玩家在购买了高端机器后，常常通过超频进一步发掘机器的性能，让机器的潜力发挥到最大。严格意义上的超频是一个广义的概念，任何提高计算机某一部件工作频率而使之工作在非标准频率下的行为及相关行动都应该称为超频，包括 CPU 超频、主板超频、内存超频、显卡超频和硬盘超频等，其中 CPU 超频是最常见的。

CPU 的频率（主频）是由外频与倍频来决定的，两者的乘积就是主频。一般来说，IT制造商都会为了保证产品质量而预留一点频率余地，如实际能达到 2GHz 的 P4 CPU 可能只标称 1.8GHz 来销售，而这一点保留空间便成了部分硬件发烧友最初的超频灵感来源，他们的目的就是把这失去的性能"讨回来"，便发展出了超频。

CPU 超频从整体上来说，就是手动去设置外频和倍频，以得到更高的工作频率。华硕作为硬件 DIY 的倡导厂商，自然做了很多人性化的超频功能，因此超频的方法也从以前的硬超频变成了现在更方便、更简单的软超频。硬超频是指通过主板上面的跳线或者 DIP 开关手动设置外频和 CPU、内存等工作电压来实现的，而软超频指的是在系统的 BIOS 中设置外频、倍频和各部分电压等参数，这样就会很容易进行超频操作。

作为技术人员，可以进行超频的练习与游戏，但不建议对客户的机器进行超频，因为这样很有可能会引起机器的不稳定、死机，甚至烧坏主板或 CPU。

2．选配电竞游戏台式计算机

电竞游戏台式计算机配置单如表 8-4 所示。

表 8-4　电竞游戏台式计算机配置单

配　件	品　牌　型　号	价格 / 元	备　注
主板	华硕 ROG Rampage VI Extreme	9999	
CPU	Intel 酷睿 i9-7980XE（盒）	15800	
内存	海盗船复仇者 LPX 32GB DDR4 3200	1999	
硬盘	希捷 Desktop HHD 6TB 7200 转 128MB	1599	
显卡	NVIDIA GeForce RTX 2080Ti Founders Edition	6999	
机箱	Tt Level 10 GT（VN10001W2N）	1880	
电源	海盗船 AX1200i	2699	
显示器	戴尔 U2312HM	2899	
音箱	漫步者 R1000TC（北美版）	229	
键盘	Razer 地狱狂蛇游戏标配键鼠套装	245	
鼠标	同上	—	
散热器	安耐美 ETD-T60-TB	390	
合计		65952	

在这个配置中，CPU 采用的是 Intel 酷睿 i9-7980XE 至尊版 CPU，采用 14nm 工艺，CPU 主频 2.6GHz，动态加速频率 4.2GHz，18MB L2 缓存，24.75MB L3 缓存，18 核芯，拥有 36 线程的超级运算能力，其正面和反面分别如图 8-1 和图 8-2 所示。

图 8-1　Intel 酷睿 i9-7980XE 至尊版 CPU 的正面　　图 8-2　Intel 酷睿 i9-7980XE 至尊版 CPU 的反面

该配置主板采用华硕 ROG Rampage VI Extreme 主板，如图 8-3 所示，主板上集成了声卡和网卡，但它集成的是 1000MB 的网卡，8 声道的声卡，8 个内存插槽可以支持最大 128GB 的内存；提供了众多接口，带无线连接，802.11a/b/g/n/ac+WiGig、802.11ad Wi-Fi 标准，可支持至最高 867Mbit/s 的传输速率，支持 2.4/5GHz 无线双频，支持蓝牙 4.1。

该配置采用的显卡是 NVIDIA GeForce RTX 2080Ti Founders Edition，具有 1350/1635MHz 的核芯频率、1.4GHz 的显示频率、11GB 的显存容量，可以提供 7680 像素 ×4320 像素的高速高分辨率显示输出。NVIDIA GeForce RTX 2080Ti Founders Edition 显卡如图 8-4 所示。

图 8-3　华硕 ROG Rampage VI Extreme 主板　　图 8-4　NVIDIA GeForce RTX 2080Ti Founders Edition 显卡

显示器采用广视角、曲面 27in AOC AG272QCX 显示器，0.2331mm 点距，动态对比度可达 8000 万：1，响应时间 4ms。

对电竞游戏计算机来说，由于各项配置高，机器的散热性能一定要好。计算机使用集成电路。众所周知，高温是集成电路的大敌，它不但会导致系统运行不稳定，而且会使机器用寿命缩短，甚至有可能使某些部件烧毁。电竞游戏机更是会产生大量热量，这就需要选择一个好的散热器或散热装置。散热器的种类非常多，CPU、显卡、主板芯片组、硬盘、机箱、电源甚至光驱和内存都设计有散热器，其中最常见的就是 CPU 的散热器。依照从散热器带走热量的方式，散热器可以分为风冷、液冷、半导体制冷、压缩机制冷等，本配置采用安耐美 ETD-T60-TB 散热器。

知识链接

1. 计算机质保的内容

按照国家的规定，各计算机公司都有自己的质保服务政策，政策中也有不同的内容规定，在业界大家达成共识的质保内容有以下几部分。

1）整机的质保

计算机的整机质保时间一般为 1 年，即 1 年内为客户提供免费的维修服务，但要求客户送修，如果是上门服务，要收取上门费。

2）配件的更换

计算机配件的更换政策有国家规定、厂家规定、商家规定，还有客户与集成商的合同约定，大概可以总结为以下几条。

（1）配件 3 天（有的商家可以达到 7 天）内无条件免费更换。

（2）配件修不好免费更换。

（3）配件无货可以加钱换高端的配件。

（4）主板、硬盘等通用件按照厂家规定，可以达到 1 年包换。

（5）耗材不换。

（6）耗件（如鼠标）不换。

3）配件的保修

计算机配件的维修难度比较大，经销商并不具备直接对配件进行维修的能力，大多厂商有专业的维修门店，根据厂商的政策提供维修服务。

（1）主要配件（如主板等）可以 3 年保修。

（2）电源、显示器等多为 1 年保修。

（3）鼠标、键盘为 3 个月保修。

（4）耗材不保修。

2．交付客户

当为客户配置好计算机后，要将计算机交付客户，其中最主要的就是交付主机。在交付的时候，要注意以下几点。

（1）交付主机时，检查主机上各个部件是否齐全，主机是否完整地装进外包装箱，要注意在装机器的时候将电源线、信号线一并装入包装箱

（2）随机软件与文档是客户产品的重要组成部分，但有部分用户对此没有认识，所以我们在交付的时候要特别提醒。

（3）在交付物品的时候，要向客户说明各类配件的保修政策，如键盘和鼠标保修 3 个月，硬盘、主板保修 1 年等。

✈ 拓展与提高

1．主机性能测评

在进行主机测评时，主要测试 CPU、主板、内存、显卡、显示器、硬盘等配件，依据以下性能指标进行测评。

1）CPU 的基本性能指标

（1）CPU 的类型：CPU 的生产厂商和型号，主要反映 CPU 的核心与制造工艺。

（2）CPU 的频率：一般决定了 CPU 的运算和处理能力，主要指 CPU 的工作频率，由主频、外频、倍频三方面的信息构成，一般主频 = 外频 × 倍频。

（3）CPU 的高速缓存：CPU 的高速缓存的相关信息，主要由 L1 缓存和 L2 缓存组成。

（4）工作电压：CPU 正常工作所需的电压。

2）主板的基本性能指标

（1）类型：主要是主板的生产厂商和型号说明。

（2）芯片组：主要是主板采用的芯片组类型，一般包括南桥芯片组和北桥芯片组，这是反映主板性能的主要指标。

（3）总线速度：主要说明主板能够支持的外频。

3）内存的基本性能指标

（1）内存容量：主要说明内存的容量大小。

（2）数据带宽：一次通过内存输入 / 输出的数据量，主要有 32、64 位等。

（3）存取时间：从 CPU 读取到内存送出的时间，时间越短，存取越快。

（4）工作频率：反映内存的传输速率，对同类型的内存来说，工作频率越高，数据传输越快。

4）显卡的基本性能指标

（1）显示芯片：这是显卡的核心部件，反映了一块显卡的性能和处理能力。

（2）接口类型：不同的接口类型的数据传输能力也不一样。

（3）显存：存储处理图像的区域，一般来说越大越好。

5）显示器的基本性能指标

（1）显像尺寸：表示显示区域大小的重要指标，一般指的是对角线的尺寸。

（2）点距：屏幕上两个相邻的相同颜色的点之间的对角线距离。

（3）分辨率：显示器的画面解析度。

（4）带宽：代表的是显示器的综合指标，指每秒能扫描图像的个数。

6）硬盘的基本性能指标

（1）硬盘容量：硬盘总的容量大小，反映了硬盘存储数据的能力。

（2）单碟容量：硬盘有单碟与多碟之分，这里指的是构成硬盘的单个碟片的容量。

（3）硬盘转速：硬盘内主轴电机的转速，转速越快技术含量越高，传输速率也越高。

（4）平均寻道时间：硬盘中磁头从当前磁道移动到数据所在磁道的平均时间，这个时间越小说明硬盘速率越高。

2．各种专项的测试软件

（1）测试 CPU 的软件：CPU-Z。

（2）内存测试软件：HWiNFO32。

（3）显卡测试软件：3Dmark。

（4）硬盘测试软件：HD Tach。

（5）主板测试软件：HWiNFO32。

 实训操作

学生进行分组，以小组形式完成以下任务。

1．查找当前最新的 CPU，为它配置一款主板，在此基础上配置一台计算机。

2．选择一台计算机，使用硬件测试工具对计算机进行性能指标测试。

3．在为客户选购计算机时，如何做到不浪费？

项目 9

计算机日常维护

虽然我们安装了杀毒及防火墙软件，升级更新了系统漏洞，但是计算机在使用一段时间后，安装的程序会逐渐增多，开机启动项、恶意插件、流氓软件、烦人的弹出框等内容也会逐渐增多。由于疏于日常维护，久而久之，计算机的运行速率就会变慢，甚至频繁死机、重启。因此，科学、正确地做好日常维护，有利于计算机的健康，同时能降低计算机出现故障的概率。

知识目标

了解计算机日常维护的基础知识；掌握计算机维护的常用方法；掌握 Ghost 软件的使用方法。

能力目标

熟练掌握 360 安全卫士软件的使用方法；熟练使用 Ghost 软件进行系统备份和恢复。

岗位目标

熟练掌握系统备份和恢复等技能，从而胜任计算机系统安装和售后服务等工作。

任务 1　保持良好的使用习惯

学习内容

1．计算机日常使用的良好习惯。

2．使用 360 安全卫士软件优化系统的方法。

任务描述

了解日常良好使用计算机的基本知识，掌握日常优化系统的简单方法。

任务准备

每人／每组 1 台或多台已安装 Windows 操作系统的计算机、360 软件。

任务学习

1．日常使用的注意事项

（1）在计算机的日常使用中，必须要采取一些病毒防护措施。通常会安装一些防病毒软件，如 360 杀毒软件和 360 安全卫士，早期的金山、瑞星等防病毒软件，现在 Windows 10 操作系统自带的 Windows Defender。在日常的使用中，通常将杀毒软件、防火墙软件等病毒防护和网络防护设置为开机自启动模式。如图 9-1 所示，计算机已经开启 360 杀毒和 360 安全卫士保护。此外，还要及时进行病毒库升级更新。如果杀毒软件病毒库不更新，同样达不到好的防毒效果。

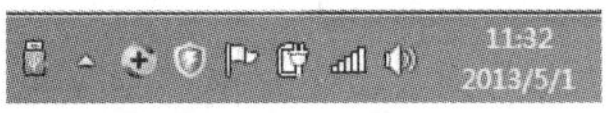

图 9-1　开启 360 杀毒和 360 安全卫士保护

（2）在安装应用程序时，应合理安装软件，尽量避免安装一些无用的软件或插件，如图 9-2 所示，在安装搜狗拼音输入法时，出现附加软件（搜狗高速浏览器）的安装，建议取消选择。

（3）选择正确的卸载程序方式，不要直接删除文件夹。如图 9-3 所示，通过软件自带的卸载程序进行卸载；通过控制面板中的卸载／更改功能实现，如图 9-4 所示。

（4）为防范 U 盘传播计算机病毒，对外来 U 盘，要先进行病毒查杀，切勿直接双击打开，查杀病毒确认无病毒后再打开。一般杀毒软件或安全软件都有 U 盘防毒功能，确认开启此项功能，如图 9-5 所示。

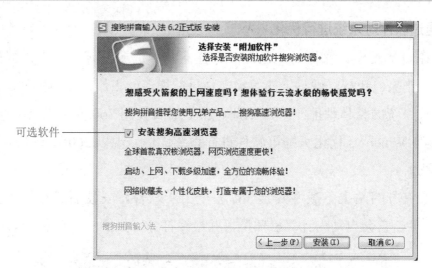

图 9-2　合理安装软件

图 9-3　软件自带的卸载程序

图 9-4　控制面板中卸载 / 更改功能

（5）上网浏览网页，要避免浏览不良网站，避免浏览有大量弹出式网页广告的网站；避免打开这些网站的广告；网络中不确定的文件尽量不要下载或打开，避免文件内捆绑计算机病毒；对正在浏览网页而突然弹出的对话框或提出修改某些设置时，在不能确定安全时，一律拒绝。如图 9-6 所示，阻止浏览存在恶意软件的网站。

图 9-5　开启 U 盘防毒功能

图 9-6　阻止浏览存在恶意软件的网站

2. 定期通过软件对系统进行优化

虽然我们在日常操作计算机时，已经多方注意，养成了良好的习惯，但是随着各类应用软件的安装、删除、卸载，硬盘上的垃圾文件日益增多，占用了大量空间，降低了系统运转的速率，导致系统的整体性能下降。因此，我们需要使用360安全卫士、瑞星安全助手、QQ计算机管家、Windows优化大师等软件进行系统优化。现以360安全卫士软件为例，介绍系统优化方法。

（1）从360官方网站上下载并安装360安全卫士软件，安装后运行该软件。首次运行360安全卫士软件，它会自动为计算机体检，并最终打分，如图9-7所示。

图9-7　自动为计算机体检

（2）360安全卫士依次对计算机的系统故障、垃圾文件、运行速率、漏洞木马、系统强化等方面进行全面的体检。体检结果：体检得75分，计算机很不安全，建议立即修复，如图9-8所示。

图9-8　体检结果

（3）计算机体检结果给出了详细的修复建议，如图9-9所示。

图9-9　修复建议

（4）单击"一键修复"按钮，软件将依次对上述建议修复项进行修复。修复完成，计算机得分为 100 分，如图 9-10 所示。一般存在安全问题的计算机，修复完成后需要重启。

图 9-10　完成系统修复

 **知识链接**

1．流氓软件

流氓软件是介于计算机病毒和正规软件之间的软件，这些软件往往捆绑在一些常用软件上，当用户下载安装常用软件时，这些流氓软件也一起被下载并安装在用户的计算机上。有的流氓软件在用户使用计算机时，不断跳出窗口，让用户无所适从；有时计算机浏览器被莫名修改增加了许多工具条，当用户打开网页时却变成不相干的奇怪画面，甚至是黄色广告；有些流氓软件只是为了达到某种目的，如广告宣传，这些流氓软件不会影响用户计算机的正常使用，只是在启动浏览器时多弹出一个网页，从而达到宣传的目的。

2．插件

插件是指会随着浏览器的启动自动执行的程序。根据插件在浏览器中的加载位置，可将插件分为工具条、浏览器辅助、搜索挂接、下载 ActiveX。

有些插件程序能够帮助用户更方便地浏览互联网或调用上网辅助功能，也有部分程序被称为广告软件或间谍软件。此类恶意插件程序监视用户的上网行为，并把所记录的数据报告给插件程序的创建者，以达到投放广告、盗取游戏或银行账号和密码等非法目的。

因为插件程序由不同的发行商发行，其技术水平也良莠不齐，所以插件程序很可能与其他运行中的程序发生冲突，从而出现各种页面错误、运行时间错误等，阻塞了正常浏览。

拓展与提高

360 安全卫士系统优化的一键修复操作简单易用。对于计算机知识了解不多、操作不熟练的用户可以通过计算机体检、一键修复进行系统优化修复。

除此之外，360 安全卫士还提供了更为具体强大的功能模块，如查杀木马、修复漏洞、系统修复、计算机清理、优化加速、计算机门诊和软件管家等。有一定专业知识的用户可通过每个功能模块进行更为详细、深入的修复与优化。

1．查杀木马

木马（Trojan）这个名字来源于古希腊传说（特洛伊木马记）。木马与计算机网络中常常要用到的远程控制软件有些相似，但由于远程控制软件是"善意"的控制，因此通常不具有隐蔽性；木马则完全相反，它通过将自身伪装吸引用户下载执行，向施种木马者提供打开被种者计算机的门户，使施种者可以任意毁坏、窃取被种者的文件，甚至远程操控被种者的计算机。如图 9-11 所示，可选择快速查杀、全盘扫描、按位置查杀 3 种类型进行木马查杀。

图 9-11　木马查杀

2．系统修复

系统修复主要用于修复异常的上网设置及系统设置，让系统恢复正常。360 安全卫士的系统修复主要为全面修复和单项修复两部分，如图 9-12 所示。

图 9-12　系统修复

单击"全面修复"按钮，系统开始对计算机进行常规修复、漏洞修复、软件修复、驱动修复 4 项修复，如图 9-13 所示。

图 9-13　全面修复

全面修复的扫描结果如图 9-14 所示。

图 9-14　全面修复的扫描结果

单击"完成修复"按钮，完成系统修复，如图 9-15 所示。

图 9-15　完成系统修复

3. 计算机清理

360 安全卫士可对计算机中的常用软件垃圾、系统垃圾、痕迹信息、注册表、不必要的插件、Cookies 信息等内容进行一键清理，也可逐一清理，如图 9-16 所示。

图 9-16　对计算机进行清理

4. 优化加速

优化加速的关键是开机启动项的设置，如图 9-17 所示。启动只需要保留杀毒、防火墙等系统启动项，关闭所有建议可以禁止启动的项目，这样会大大提高系统的启动速率。

图 9-17　优化加速

 实训操作

1. 通过 360 官方网站下载 360 安全卫士软件，练习操作，并熟练操作每个功能模块。

2. 通过瑞星官方网站下载瑞星安全助手，进行计算机体检、一键修复操作，并逐一熟悉每个功能模块。

任务2　备份与还原系统

学习内容

1. 使用 Ghost 软件进行系统备份和恢复系统的方法。

2. 使用 360 安全卫士软件进行系统备份和还原的方法。

任务描述

掌握使用 Ghost 软件进行系统备份和恢复的方法，掌握利用 360 安全卫士软件进行系统备份的方法。

任务准备

每人/每组1台或多台已安装 Windows 操作系统的计算机、Ghost 软件、360 安全卫士软件。

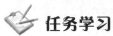 **任务学习**

1．利用 Ghost 软件进行系统备份

Ghost 是 Symantec 公司开发的一个用于系统、数据备份与恢复的工具，其具有提供数据定时备份、自动恢复与系统备份恢复的功能，俗称克隆软件。

利用 Ghost 软件将主分区上的所有内容（操作系统）完整地备份到一个映像文件中。

（1）运行 Ghost 软件，进入 Ghost 信息界面，单击"OK"按钮，如图 9-18 所示。

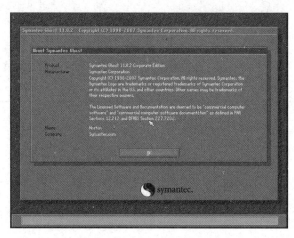

图 9-18　Ghost 信息界面

（2）运行 Ghost 软件后，选择"Local"→"Partition"→"To Image"命令，将本地分区的内容生成镜像文件，如图 9-19 所示。

（3）选择备份分区所在的本地硬盘，单击"OK"按钮，如图 9-20 所示。

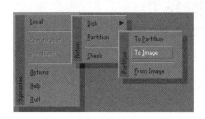 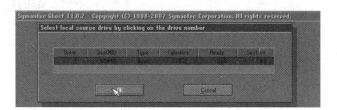

图 9-19　将本地分区的内容生成镜像文件　　图 9-20　选择备份分区所在的本地硬盘

（4）用上、下箭头键选择需要备份的分区，单击或者按 Enter 键表示确认，选择分区后单击"OK"按钮，如图 9-21 所示。

图 9-21　选择需要备份的分区

（5）选择镜像文件的保存路径，并给镜像文件命名，设置后单击"Save"按钮，如图9-22所示。

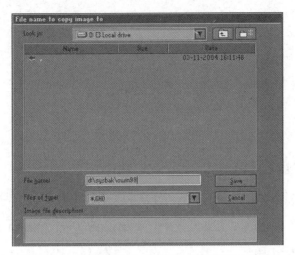

图9-22 设置镜像文件的保存路径及文件名

（6）选择镜像压缩方式，如图9-23所示。"NO"表示不压缩；"Fast"表示采用快速压缩，这种方式制作与恢复镜像使用的时间较短，但生成的镜像文件将占用较大的磁盘空间；"High"表示采用高度压缩，这种方式制作与恢复镜像的时间较长，但是生成的镜像文件将占用较小的磁盘空间。为了加快压缩和以后恢复的速度，一般采用快速压缩。

（7）单击"Fast"按钮，弹出确认对话框，如图9-24所示。

图9-23 选择镜像压缩方式 9-24 确认对话框

（8）单击"Yes"按钮，开始创建镜像文件，如图9-25所示。

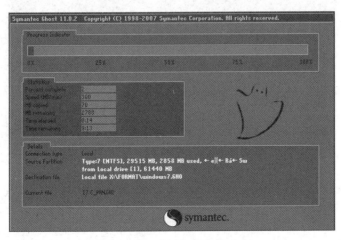

图9-25 开始创建镜像文件

（9）成功创建镜像文件，如图 9-26 所示。得到镜像文件，主分区系统被备份为后缀是 .gho 的镜像文件。

图 9-26　成功创建镜像文件

2. 利用 Ghost 软件恢复系统

利用 Ghost 软件，将镜像文件恢复至主分区，这是系统备份的逆过程。

（1）运行 Ghost 软件，选择"Local"→"Partition"→"From Image"命令，将镜像文件恢复至主分区，如图 9-27 所示。

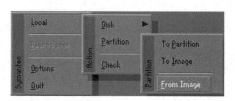

图 9-27　将镜像文件恢复至主分区

（2）选择要恢复的镜像文件，如图 9-28 所示。

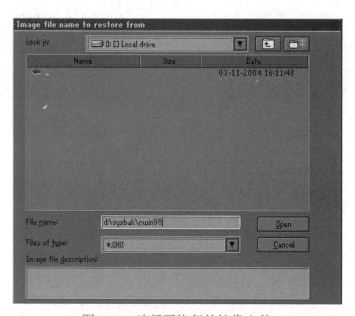

图 9-28　选择要恢复的镜像文件

（3）单击"Open"按钮，弹出一个对话框，选择本地磁盘（需恢复分区所在的磁盘），如图 9-29 所示。

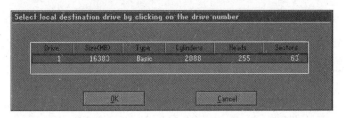

图 9-29 选择恢复分区的本地磁盘

（4）单击"OK"按钮，按 Enter 键，弹出一个对话框，选择目标分区，即要被恢复的分区，如图 9-30 所示，单击"OK"按钮。

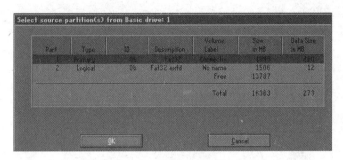

图 9-30 选择目标分区

（5）确认分区恢复操作，单击"Yes"按钮，如图 9-31 所示。

（6）成功恢复分区，如图 9-32 所示。

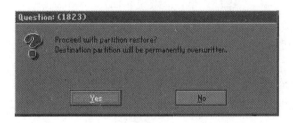

图 9-31 确认分区恢复操作

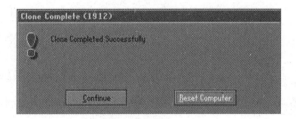

图 9-32 成功恢复分区

知识链接

Ghost 软件工作的基本方法是将硬盘的一个分区或整个硬盘作为一个对象来操作，可以完整复制硬盘分区信息、操作系统的引导区信息等，并压缩成一个映像文件，在恢复的时候，把保存的映像文件恢复到对应的分区或对应的硬盘中。它的功能包括两个硬盘之间的对拷、两个硬盘的分区对拷、两台计算机之间的硬盘对拷、制作保存硬盘信息的映像文件等，通常使用的是分区备份功能，也就是将硬盘的一个分区压缩备份成映像文件，然后存储在另一个分区或其他备份的硬盘中，当现有的系统发生问题时，可以将所备份的映像文件复制回来，让系统恢复正常。

拓展与提高

1. 利用 360 安全卫士软件备份还原系统

1）系统备份

（1）打开 360 安全卫士软件，单击"功能大全"选项卡，选择"我的工具"选项，如图 9-33 所示。

图 9-33 选择"我的工具"选项

（2）单击系统备份还原图标，弹出"系统备份还原"对话框，如图 9-34 所示。单击"准备备份"按钮，计算机对备份环境进行初始化检测，如图 9-35 所示。

图 9-34 "系统备份还原"对话框

图 9-35 备份环境初始化检测

（3）单击"下一步"按钮，确定备份名称和备份位置，当前备份位置为 D 盘，如图 9-36 所示。

图 9-36   确定备份名称和备份位置

（4）单击"开始备份"按钮，出现系统备份提示，主要为备份过程大概需要的时间和注意事项，如备份前保存好数据、备份过程请关闭其他程序等。接着单击"确认备份"按钮，开始系统备份，如图 9-37 所示。

图 9-37   开始系统备份

（5）系统备份完成，如图 9-38 所示。

2）系统还原

当计算机由于各种原因出现异常错误或故障，但通过系统备份设定了还原位置时，就可进行系统还原。

（1）打开 360 安全卫士软件，选择"功能大全"选项卡，单击"系统备份还原"图标，弹出"系统备份还原"对话框，选择"系统还原"选项卡，如图 9-39 所示。

图 9-38　系统备份完成

图 9-39　选择"系统还原"选项卡

（2）单击"准备还原"按钮，在备份列表中选择一个还原节点，如图 9-40 所示。

（3）单击"开始还原"按钮，弹出提示信息，如图 9-41 所示。确定让计算机被还原至指定的系统节点后，单击"是"按钮，系统将重新启动计算机。系统启动完毕后，开始系统还原。

图 9-40　选择系统还原节点

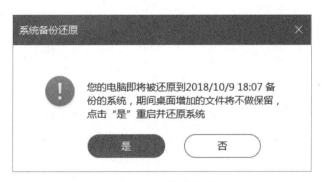

图 9-41　提示信息

2. 利用 Ghost 软件制作镜像文件要注意的问题

利用 Ghost 软件为客户的系统制作一个镜像文件,放在硬盘中,等到需要恢复系统的时候,直接打开进行恢复,省时省事,但在制作中也有以下问题要注意。

(1)备份文件需要和被备份的磁盘分开来放,如备份了 C 盘,则备份文件放在除 C 盘外的其他磁盘。一个公司可以形成一个默契,就是大家把镜像文件放在同一个路径,按相同的规则取名,这样无论是谁为客户服务,都可以轻松找到镜像文件,快速恢复系统。例如,将镜像文件都放在最后一个盘符,统一创建一个关于 sys 的文件夹,文件取名统一为sysback******,后面的星号是文件制作当天的日期。

(2)备份文件大小和选用的软件与备份时选用的参数有关,一般大概有几个 GB,所以一定要在目标盘中留有足够的空间。

(3)制作镜像前应尽量把相关参数设定好,如开机顺序、时间日期、开机密码等,并且要装好相关软件,还可以先为客户设置好 IP 地址,装好驱动程序。

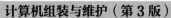

（4）使用备份恢复系统后，系统将恢复到备份时间点，在为客户恢复系统前，一定要保护好客户的文件。

 实训操作

1．利用 Ghost 软件制作镜像文件。

2．下载 360 安全卫士软件，练习备份、恢复系统。

3．在维修计算机时，如何保护用户计算机的数据信息？上网查找并了解用户数据信息保护的相关法律法规。

计算机维修服务及常见故障维修

　　计算机在使用过程中出现故障是在所难免的。对于软件故障，用户可以通过项目 9 中的日常维护及系统恢复方法进行解决；一旦出现硬件故障，用户处理起来往往觉得很棘手。如果是品牌计算机且在保修期内，可由该品牌售后服务部门免费维修；如果是兼容机且超出了保修期，需要自己维修又将如何处理呢？

知识目标

　　了解计算机维修的规范流程及岗位职业要求；掌握常见故障的维修方法。

能力目标

　　掌握维修服务流程的规范要求；掌握常见的故障检测方法；掌握常见故障的维修技巧。

岗位目标

　　掌握维修服务流程的规范要求及常见故障的维修技巧，为将来胜任售后服务、检测、维修等工作打下良好的基础。

任务1　计算机维修服务流程

学习内容

1．计算机维修服务的规范流程。

2．售后服务岗位的职业要求。

任务描述

认识计算机维修服务的规范流程，掌握售后服务岗位的职业要求。

任务准备

每人/每组1台或多台已安装Windows操作系统的计算机。

任务学习

1．计算机维修服务的一般流程

计算机维修服务的一般流程如下：当客户的计算机出现故障时，客户可拨打当地授权维修中心的电话寻求在线支持，或直接将计算机送到维修中心申请维修；接待工程师将客户信息输入系统，并对故障机器进行预检；客户同意开始维修；维修完毕通知取机。

现以授权维修中心接待客户维修为例，介绍计算机维修服务的流程。

（1）接待。接待人员应当面带自然、健康的微笑，及时拉近和客户之间的距离，帮助客户平复因机器故障带来的烦躁情绪，帮助客户领取排队号。

（2）预检。接待工程师询问故障并确认客户信息，然后根据客户描述的故障进行复检，检测过程严格按照检测规范进行操作，故障复现，与客户再次确认。填写或打印取机凭证，送别客户。

（3）实施操作。接待工程师根据业务规则分派维修工程师，填写相关信息，并将客户机器送到维修间。

（4）维修工程师维修故障机。

（5）通知取机。

（6）再次接待。

（7）验机。客户出示取机凭证，接待工程师复验机器后，还要请客户亲自操作，让客户确定问题已经解决，让客户在验机单上签字确认。

（8）送别。

2．售后服务岗位的职业要求

现在已进入体验经济时代，售后服务岗位要求服务要与时俱进，售后服务理念也要由从人对设备的服务转变成人对人的服务。联想公司推出联想售后服务规范十要素。一禁止：禁止争执冲突；二保护：保护数据安全，保护设备安全；三必要：沟通要全面，操作要规范，确认要签字；四不要：不推诿冷落，不抬价欺客，不私下操作，不随意承诺，以此保证服务的质量。

在 2019 年联想又推出《联想服务规范 6.0》，提出专业、高效、安全的核心理念，处处体现专业素养、客户需求至上、主动服务的特色。

知识链接

售后服务就是在商品出售以后所提供的各种服务活动。它包括产品介绍、送货、安装、调试、维修、技术培训和上门服务等。

在市场激烈竞争的今天，随着消费者维权意识的提高和消费观念的变化，消费者在选购产品时，不仅注重产品实体本身，在同类产品的质量和性能相似的情况下，更加重视产品的售后服务。因此，企业在提供物美价廉产品的同时，向消费者提供完善的售后服务，已成为现代企业市场竞争的新焦点。

产品的售后服务，既有生产厂商直接提供的，也有经销商提供的，但更多的是以厂家、商家合作的方式展现给消费者的。例如，联想、惠普等所有国际知名的计算机生产公司都建立了独立于经销商之外的完善的规范的售后流程。

售后服务流程规定得十分仔细规范，如联想阳光售后服务流程规范共包括现场维修服务流程规范、站内维修服务流程规范、取机服务流程规范、热线接听服务流程规范、商业客户上门服务流程规范、消费客户上门服务流程规范六部分。

实训操作

分组模拟售后维修服务站的维修服务流程。

任务2 计算机硬件故障检查诊断

学习内容

1. 计算机故障检查诊断的原则。

2. 计算机故障检查诊断的方法。

任务描述

掌握计算机硬件故障的检查诊断原则与方法，掌握硬件故障的解决方法。

任务准备

每人 / 每组 1 台或多台已安装 Windows 操作系统的计算机。

任务学习

1. 检查诊断的流程

（1）观察了解。

认真观察计算机外观及机箱内部；询问故障的现象及故障出现前的使用情况。所谓观察了解，一是了解故障现象，通过询问用户，了解故障现象；二是观察计算机机箱内部的环境，如灰尘是否太多、各部件的连接是否正确、是否有烧坏的痕迹、部件是否有变形、指示灯是否有异常等；三是观察或询问计算机工作的环境，如电源供电是否正常、外设连接是否正常、环境温度是否过高、湿度是否太大等。

（2）分析判断。

对于通过观察了解到的故障现象，结合已有的知识和经验认真思考、分析，不仅要找出故障点，还要找出故障原因。

（3）检测维修。

在维修过程中要分清主次，有时可能会碰到故障机不止有一个故障现象（如启动过程中显示器黑屏，但主机启动运行,同时键盘无反应等）。因此,应该先判断、维修主要的故障现象,再维修次要的故障现象,有时主要故障解决了,次要故障已不需要维修了。

2. 故障检查诊断的方法

（1）观察法。

认真观察是维修判断过程中的第一方法，需要观察的内容主要是机器摆放的环境。这包括温度、湿度等，接插头、座和槽等，客户使用的操作系统、所使用的应用软件等，客户操作的习惯、过程等。

（2）清洁法。

故障往往是由于机器内的灰尘较多引起的，在维修之前应该先进行除尘操作，再进行判断维修。清洁接插头、座、槽、板卡金手指部分；清洁大规模集成电路、元器件等引脚处；清洁散热器、风道。用于清洁的工具包括小毛刷、橡皮、吹风机或吸尘器、柔软布和无水酒精等。

（3）最小系统法。

硬件最小系统由电源、主板和 CPU 组成。在这个系统中，没有任何信号线的连接，只有电源到主板的电源连接。在判断过程中，通过声音来判断这一核心组成部分是否可正常工作。

软件最小环境由电源、主板、CPU、内存、显卡 / 显示器、键盘和硬盘组成。这个最小系统主要用来判断系统是否可完成正常的启动与运行。

（4）逐步添加 / 去除法。

逐步添加法是指以最小系统为基础，每次只向系统添加一个部件 / 设备或软件，检查故障现象是否消失或发生变化，以此来判断并定位故障部位。逐步去除法正好与逐步添加法的操作相反。逐步添加 / 去除法一般与最小系统法、替换法配合，可以较为准确地定位故障部位。

（5）屏蔽（隔离）法。

屏蔽（隔离）法是将可能妨碍故障判断的硬件或软件屏蔽（隔离）起来的一种判断方法。它也是用来将怀疑相互冲突的硬件、软件隔离开，以判断故障是否发生变化的一种方法。对软件来说，就是停止被怀疑软件的运行，或者是卸载它；对硬件来说，就是在设备管理器中，禁用、卸载其驱动，或干脆将硬件从系统中去除。

（6）替换法。

替换法是用好的部件去代替可能有故障的部件，以判断故障现象是否消失的一种维修方法。

（7）比较法。

用好的部件与怀疑有故障的部件进行外观、配置、运行现象等方面的比较，也可在两台计算机间进行比较，以判断故障计算机在环境设置、硬件配置方面的不同，从而找出故障部位。

（8）升降温法。

设法降低计算机的通风能力，靠计算机自身的发热来升温。降温的方法有选择环境温度较低的时段，使计算机停机一定时间，用电风扇对着故障机吹风，使用空调降低环境温度。

拓展与提高

由于硬件的安装错误、不兼容或硬件损坏等，引起硬件错误，从而导致轻则运行不正常，重则系统无法工作。碰到此类情况，以前只能通过 POST 自检时的 BIOS 报警提示音、硬件替换法或 DEBUG 卡来查找故障原因。但这些方法使用起来很不方便，而且对用户的专业知识要求较高，对普通用户并不适用。

针对此问题，主板厂商加入了许多人性化的设计，以方便用户快速、准确地判断故障原因。例如，现在许多主板特别设计了硬件加电自检故障的语言播报功能。以华硕的"POST 播报员"为例，这个功能主要由华邦电子的 W83791SD 芯片，配合华硕自己设计的芯片组合而成，可以监测 CPU 电压、CPU 风扇转速、CPU 温度、机壳风扇转速、电源风扇是否失效、机箱入侵警告等。这样就较好地保持了计算机的最佳工作状态。当系统有某个设备出故障时，"POST 播报员"就会用语音提醒该配件出了故障。

另外，许多厂商还为主板设计了 AGP 保护电路。除了起到对显卡的保护作用，保护电路还用一个 LED 发光二极管来告诉用户故障是否由显卡引起的。

实训操作

1. 掌握计算机系统故障的检查诊断原则。
2. 通过对故障进行设置，掌握硬件故障的解决方法。

任务 3　计算机硬件常见故障及维修

学习内容

1. CPU 常见故障及处理。
2. 内存常见故障及处理。
3. 主板常见故障及处理。
4. 显卡常见故障及处理。
5. 硬盘常见故障及处理。
6. 电源常见故障及处理。

任务描述

通过常见的硬件故障分析，掌握部分常见硬件故障的解决方法。

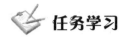

任务准备

每人 / 每组 1 台或多台计算机。

任务学习

1. CPU 常见故障及处理

CPU 是集成度极高的电子器件，生产计算机 CPU 的厂家主要是 Intel 公司和 AMD 公司，所以 CPU 真正的芯片级维修是不可能的，如果 CPU 真的坏了，只能更换。这里讲的 CPU 常见故障是指与 CPU 相关的一些小故障。

（1）CPU 常见故障。

计算机工作不稳定，有时运行一会就会死机；有时频繁重启或者关闭计算机；开机无法通过自检；开机主机无反应，显示器无信号输出，但有时又能正常工作。

（2）故障分析。

导致上述故障的原因主要有 3 种：①CPU 散热器不能正常工作，导致 CPU 的温度上升，主板 BIOS 设置温度保护，导致系统关闭或频繁重启；②超频不当，导致无法通过自检或导致计算机无法工作；③CPU 的触点与 CPU 插座接触不好，导致计算机无法启动。

（3）处理方法。

先查看 CPU 散热器，是否转速很慢甚至停转，散热器卡扣是否没有卡好，散热片是否倾斜，若有，CPU 就不能正常散热，当温度上升到设定的临界温度时，CPU 就会死机，导致计算机频繁重启。解决方法是除尘、卡好扣具、需要更换散热器时应及时更换。

如果散热器没有问题，就要考虑是否做了 CPU 超频。若可以正常进入 BIOS 设置，将 CPU 的频率改回原始频率即可；若开机后无任何反应，显示器无反应，无法正常进入 BIOS 设置，则可使用 BIOS 跳线或开关清除 CMOS，恢复出厂 BIOS 设置。

完成以上操作，如果还未解决故障，则需要清洁 CPU 触点，然后将 CPU 重新安装，解决故障。

2. 内存常见故障及处理

内存质量的好坏及可靠性，对整台计算机的稳定性和可靠性起着至关重要的作用。

（1）内存常见故障。

开机黑屏，显示器无信号输出，或伴有一长三短的报警声。

（2）故障分析。

此故障多由接触不良导致。内存金手指氧化、内存没有安装好，都会导致内存与插槽接触不良，引起故障。

（3）处理方法。

先取下内存，重新装好后再开机，如果能正常启动说明是内存没安装好引起的接触不良；如果故障依然存在，就取下内存用酒精或橡皮擦拭内存上的金手指，用酒精擦拭内存插槽后再安装，此时正常启动，说明故障是由金手指上有灰尘或氧化所致的；反之，可能是内存插槽的问题，需要更换一个内存插槽来确定。

如果上述方法都无法解决，则有可能是内存物理损坏。此时需要使用替换法来确定故障硬件。如果更换内存，排除了故障，说明原来的内存是物理损坏；更换了内存，故障依然存在，就是内存插槽出现了问题。

3．主板常见故障及处理

（1）主板常见故障。

计算机频繁死机；开机出现"CMOS Battery State Low"提示，更改 BIOS 设置后不能长时间保存，开机后系统时间不正确，修改后不能保存；开机后出现一些英文提示，如"CMOS checksum error-Defaults loaded"或"Award Soft Ware，Inc.System Configurations"等。

（2）故障分析处理。

出现 BIOS 设置后不能长时间保存，开机后系统时间不正确等问题，可以先检查 CMOS 跳线或 CMOS 开关，是否在清除状态，如果不是，则是由主板电池电压不足造成的，更换主板电池即可。

开机出现英文提示，计算机不能正常启动，可以做清除 CMOS 设置处理，或者进入 BIOS 设置，选择 BIOS 默认设置，解决故障。

计算机频繁死机，多是由于主板接触不良、短路造成的。主板的面积较大，是聚集灰尘较多的地方。时间久了，这很可能造成插槽与板卡接触不良，也可能导致主板芯片散热效果差，从而使系统频繁死机，处理方法是去除灰尘，清洁主板，解决接触不良的问题及主板散热的问题。

4．硬盘常见故障及处理

（1）硬盘常见故障。

计算机自检屏幕显示"disk boot failure，insert system disk"；计算机找不到硬盘，并死机；硬盘指示灯不断闪烁，硬盘发出异常响声。

（2）故障分析。

计算机自检屏幕显示硬盘自检错误，很有可能是硬盘数据线或电源线没有插好，或者因松动引起的；如果数据线和电源连接正常，进入 BIOS 设置手动检测不到硬盘或者硬盘在运行过程中发出异常响声，则是硬盘的物理故障引起的。

（3）处理方法。

如果硬盘数据线或电源线没有插好，则检查连线，重新连接。

如果检测不到硬盘，并发出异响，建议将硬盘返厂维修。

如果检测到硬盘，可以使用 scandisk 或 chkdsk 命令检查是否存在硬盘逻辑错误。如果检测出坏磁道，则可用诺顿磁盘医生进行修复。

5．显卡常见故障及处理

（1）显卡常见故障。

开机黑屏，显示器无信号输出，或伴有"嘀嘀嘀"比较急促、重复的报警声；显示器出现花屏现象。

（2）故障分析。

开机黑屏，显示器无信号输出，或伴有"嘀嘀嘀"比较急促、重复的报警声，出现此故障是由显卡接触不良导致的。显卡金手指氧化或者内存条没有安装到位，都会引起显卡与显卡插槽的接触不良，引起故障。

导致显示器出现花屏现象的原因主要有 4 个：①显卡长期使用，散热不好；②显卡长期过热工作，导致显卡电容被烧爆；③显存出现问题；④显卡或 CPU 超频。

（3）处理方法。

接触不良的处理方法：先取下显卡，清洁显卡的散热器或者散热片上的灰尘；使用酒精或橡皮擦拭显卡上的金手指，用酒精擦拭显卡插槽后再安装，即可排除故障。

花屏的处理方法：如果是散热不好，就清洁显卡的散热器或者散热片上的灰尘，如果散热器运转不畅，就更换新的风扇；如果显卡电容被烧爆，更换同型号电容即可修复；如果是显存的问题，只能更换显卡了；如果是超频所致，降回原来的工作频率即可。

拓展与提高

常见网络故障及处理

1）常见网络故障

（1）显示网络电缆被拔出，如图 10-1 所示。

（2）未识别的网络，无网络访问，如图 10-2 所示。

图 10-1　网络电缆被拔出　　　　　　　　图 10-2　未识别的网络，无网络访问

2）故障分析

（1）显示网络电缆被拔出，主要是 RJ45 水晶头松动、网线断开，无法连接到交换机。

（2）未识别的网络，无网络访问，是因为主机的网络地址参数设置不当。

3）处理方法

（1）查看 RJ45 水晶头，先要检查 RJ45 水晶头是否接触不良，可以考虑重做 RJ45 水晶头；然后用网络测线器，测试网线是否连通；RJ45 水晶头与网线均正常的情况下，查看计算机所连接的交换机是否未打开，若没有，打开交换机即可。

（2）重新配置网卡的 IP 地址，注意 IP 地址不要与其他主机的 IP 地址冲突；注意网关、DNS 配置均要正确。在"网络邻居"中能看到网络中其他的计算机，但无法对其进行访问，则可能是网络协议设置有问题，一般要将网络协议删除，然后重新安装，并重新设置。

 实训操作

1. 学习制作网线的方法及测试工具的使用方法。

2. 进行双机互联的练习，并进行简单的命令测试。

3. 掌握网卡的正确安装及一般设置。

4. 认识常见的各种网络设备及设置。

习 题

1. 简述计算机售后服务的流程。

2. 简要说明计算机系统故障的检查诊断原则和检测方法。

3. CPU、内存、显卡有哪些常见故障，怎么处理？

4. 在计算机维修行业如何做到诚信服务？